Friedrich Bitter • Nanofisch-Fibel

Friedrich Bitter

Nanofisch-Fibel

Zwerge für kleine Aquarien

Foto: B. Kahl

Dähne Verlag

Fotohinweis:
Alle Fotos, außer den besonders gekennzeichneten, sind vom Autor.

Bibliografische Information der Deutschen Bibliothek

Die Deutsche Bibliothek verzeichnet diese Publikation in der Deutschen Nationalbibliografie; detaillierte bibliografische Daten sind im Internet über http://dnb.ddv.de abrufbar.

Friedrich Bitter
Nanofisch-Fibel
ISBN 978-3-935175-63-0

Lektorat: Ulrike Wesollek-Rottmann
Herstellung: Daniela Gröbel
Druck: Druckerei Himmer, Augsburg
Printed in Germany

Foto: B. Kahl

Inhalt

Vorwort

Süßwasserfische bietet der Handel in großer Auswahl an. Zusammen mit den Raritäten, die nicht handelsrelevant sind und meist nur von einigen wenigen Spezialisten gepflegt werden, dürften derzeit rund 3.500 bis 4.000 Arten im Hobby verfügbar sein.

Sicherlich trifft nicht jeder Fisch den eigenen Geschmack. Es gibt aber auch sachliche Kriterien, die seine Haltung ausschließen, beispielsweise extreme Wasserwerte als Voraussetzung oder ein Futterbedarf, der nicht ohne Schwierigkeiten zu befriedigen ist. Manchmal liegt es ganz einfach am zur Verfügung stehenden Platz.

Ich möchte mich in diesem Büchlein speziell mit klein bleibenden Fischen beschäftigen, deren Platzbedarf nicht besonders ausgeprägt ist. Damit wird dem momentan zu beobachtenden Trend hin zu kleinen Aquarien Rechnung getragen. Hier geht es allerdings nicht darum, ein Maximum an Fischen auf engstem Raum zu halten. Es sollen Besatzmöglichkeiten aufgezeigt werden, die sich ohne besonders großen Aufwand realisieren lassen. Dabei stehen der Fisch und sein natürliches Verhalten im Vordergrund.

Die hübschen Zwergziersalmler, *Nannostomus marginatus*, sind recht beliebte Fische.

Foto: B. Kahl

Von der Natur lernen

Während in den Anfängen der Aquaristik neu eingeführte Fische oft eine lange und abenteuerliche Reise hinter sich hatten und Informationen über Herkunft und Biotopbeschaffenheit fast völlig fehlten, liegen heute zu den meisten Arten viel genauere Daten vor. Wir kennen zum Beispiel durch Messungen die wichtigsten Wasserparameter und es gibt Fotos beziehungsweise Beschreibungen von den Lebensräumen und syntopen (gemeinsames Vorkommen) Arten.

Oft geben diese Einblicke in den Lebensraum einer Art ein ungefähres Gespür dafür, was man den Fischen auch im Aquarium zumindest anbieten sollte, sei es eine Schwimmpflanzendecke, Versteckplätze aus Falllaub oder Weichwasser mit niedrigem pH-Wert. Allerdings ist es überwiegend so, dass die Fische in der Natur nicht in einer für sie optimalen Umgebung leben: Es geht primär ums Überleben, die ökologische Nische bietet dafür die Mindestvoraussetzungen und wird durch Umweltparameter, Feinddruck und Nahrungsangebot bestimmt. Ohne diese natürlichen Regulierungsmechanismen sieht das anders aus. So kommt es zum Beispiel, dass viele Fischarten bei gewissenhafter Pflege im Aquarium größer werden und ein viel höheres Alter erreichen als in der Natur.

Oft lassen genaue Beobachtungen in den Lebensgewässern wichtige Rückschlüsse für die Haltung zu.

Nano-Aquarien

Foto: Dennerle

Für die Anschaffung eines kleinen Aquariums zwischen 10 und 60 Litern Bruttoinhalt, und um nichts anderes handelt es sich bei dem modernen Wortgebilde Nano-Aquarium, gibt es vielfältige Gründe. Es kann bewusst als Blickfang für die Wohnungseinrichtung gewählt werden, Platzprobleme können die Ursache sein, oder man braucht es zunächst einfach ergänzend als Aufzucht- oder Quarantänebecken.

Während früher der Handel den Bedürfnissen der Kunden lediglich mit nackten Glas- oder Plastikaquarien entgegen kam, und alles nötige Zubehör zugekauft werden musste, hat er heute die offensichtliche Marktlücke erkannt. Mittlerweile gibt es von verschiedenen Herstellern ganze Komplettsets in unterschiedlicher Form und Größe, die neben dem reinen Aquarium auch noch über eine Beleuchtung, Filterung, Heizung und zum Teil sogar noch diverse Zugaben wie Thermometer, Wasseraufbereiter usw. verfügen. Trotzdem ist die Haltung

Foto: Aquael

den einige der am häufigsten im Fachhandel angebotenen Arten geführt und ihre Grundbedürfnisse wie Platzbedarf und Wasserparameter aufgelistet. Es sind Empfehlungen für die dauerhafte Haltung. Zur Zucht können genauso Ausnahmen gelten, wie es auch bei den

Aquarium mit Beleuchtung von Giesemann.

der Tiere für den Unerfahrenen dadurch nicht einfacher geworden, denn die häufigsten Fehlerquellen, wie übermäßige Fütterung, zu dichter und falscher Besatz, Nachlässigkeit beim Wasserwechsel, liegen am Halter und bleiben damit weiterhin bestehen.

Hinsichtlich der Nutzung solcher Aquarien für die Zierfischpflege hat das Bundesministerium für Ernährung, Landwirtschaft und Verbraucherschutz (BMELV) ein Gutachten über die Anforderungen an die Haltung von Zierfischen im Süßwasser veröffentlicht, die mindestens eingehalten werden sollen. In ihm wer-

Süßwasserfischen insgesamt eine ganze Reihe von Arten gibt, die beispielsweise als ausgesprochene Biotopspezialisten einen flachen Wasserstand bevorzugen und sich in hohen Aquarien einfach nicht wohl fühlen.

In vielerlei Hinsicht verlangen kleine Aquarien nach Fingerspitzengefühl des Betreibers. Das fängt bei der Einrichtung an, setzt sich über das Aussuchen des Besatzes fort und bestimmt auch Futtereinsatz und Pflegeintervalle. Nachlässigkeiten wie übermäßige Futtergaben

Foto: Tetra

Viele Hersteller bieten inzwischen schöne Nano-Aquarien an.

Foto: Antra Croci

Foto: Aquatlantis

zen darin keine speziellen Wasserparameter benötigen. Ein Wasserwechsel im Volumen von zwei, drei Eimern ist schnell gemacht und wird von den Tieren vielleicht sogar mit häufigeren Fortpflanzungsaktivitäten beantwortet, denn eine Veränderung des Milieus kann durchaus ein Stimulans sein.

schlagen in diesem Mini-Ökosystem weitaus schneller negativ zu Buche als in größeren Becken, die zum Beispiel mit einem großzügig bemessenen Filtersystem betrieben werden. Hier ist das Risiko, dass die Nahrungsreste die Wasserqualität zum Nachteil der Fische verändern können, wesentlich höher als im Großaquarium. Allerdings eröffnen Nano-Aquarien auch Chancen, besonders wenn die Tiere und Pflan-

Fotos: Sera

Das Verhalten der Fische

Auch kleine Kampffische sind die meiste Zeit ihres Lebens Einzelgänger.

Nicht nur von Aussehen und Größe her, sondern auch im Verhalten gibt es bei den Fischen deutliche Unterschiede. Gerade im räumlich beschränkten Aquarium haben eifrige Streckenschwimmer nichts verloren. Und da wären dann noch die Arten, deren Tagesablauf anscheinend nur darin besteht, ihre Mitbewohner zu belästigen. Sie sind selbst in geräumigen Becken für die anderen kaum zu ertragen, ins Nano-Aquarium gehören sie mit Sicherheit nicht.

Trotzdem bleiben ausreichend Alternativen. So kann man bei gemischtem Besatz die Arten auch nach dem von ihnen bevorzugten Standort aussuchen, also etwa oberflächenorientierte Fische mit solchen vergesellschaften, die eher auf oder knapp über dem Substrat leben. Und dann gibt es da ja noch die geselligen Formen, die sogar in der Natur mit anderen, noch nicht einmal besonders nahe verwandten Flossenträgern lose Verbände bilden und so durch das Heimatgewässer streifen.

Einschränkungen sind nach Zusammenstellung eines gemischten Besatzes beim Nachwuchs zu erwarten. Warum aber nicht zum Beispiel Zwergpanzerwelse mit Kleinsalmlern vergesellschaften und damit unter Umständen das kopieren, was die Natur vormacht? Nicht jeder sieht sich gleich als zukünftigen Großzüchter. Auch ein reines Schaubecken im Miniformat kann Spaß machen.

Die Vermehrung

Schon immer wurden Fische zur Zucht in separate Aquarien gesetzt, um ihnen die nötige Ruhe für ihre Fortpflanzungsaktivitäten zu geben. Viele der Arten sind Saisonlaicher, andere im Prinzip Dauerlaicher, die bei entsprechender Kondition in der geeigneten Umgebung über Wochen und Monate in mehr oder weniger engen Intervallen für Nachwuchs sorgen. Mit ihnen kann man im Nano-Aquarium sehr erfolgreich sein, muss dann allerdings von Zeit zu Zeit eventuell sogar den Nachwuchs umsetzen, damit es im Elternbecken nicht zu eng wird.

Für die Lebendgebärenden Zahnkarpfen bedeutet dies zum Beispiel, dass eine Schwimmpflanzendecke sinnvoll sein kann, in der ihr Nachwuchs zunächst Schutz vor den eigenen Eltern oder gefräßigen Mitbewohnern findet. Bei manchen Haftlaichern lässt sich das Platzieren der Eier durch den geschickten Einsatz eines oder mehrerer schwimmender Wollmopps dirigieren, für die Freilaicher kann man das Laichmaterial so auswählen, dass sie nur schwerlich an den eigenen Kaviar gelangen. Beispiele gibt es vielfältige.

Selbst Arten, die Brutpflege betreiben oder zumindest vorübergehend territorial werden, müssen aus dem Kleinaquarium nicht ausgeschlossen werden. Entweder man hält die Fische artweise separat für sich oder man baut die Einrichtung so auf, dass durch eine passende Dekoration (Pflanzen, Steine, Wurzelholz) das Aquarium strukturiert wird und Rückzugsmöglichkeiten geschaffen werden. Aber auch hier gilt: Steigt die Population an, dann muss eventuell hin und wieder ausgedünnt werden.

Bei *Apistogramma cacatuoides* beteiligen sich Vater und Mutter an der Brutpflege.

Die Fütterung

Der Handel bietet Fischfutter in Hülle und Fülle an, oft sogar spezielle Sorten für die eine oder andere Fischart. So sterben wohl mehr Aquarienbewohner durch Überfütterung, die mit einer zu starken Wasserbelastung einhergeht und die Keimzahlen in die Höhe schnellen lässt, als durch Unterversorgung mit Nahrung. Gerade der Anfänger füttert nicht in Maßen. So lange der Fisch nach der Nahrung schnappt, muss er ja hungrig sein. Dass er die Futterbrocken zum Großteil sofort wieder ausspuckt, weil es ein reiner Reflex war, oder er aufgrund seiner Maulform keine Nahrung mehr aufnehmen kann, die erst einmal zu Boden gefallen ist, kann man ohne Erfahrung oder die passenden Erklärungen in der entsprechenden Literatur nicht selbst wissen.

Grundsätzlich gilt, dass Futtergaben nur sehr spärlich erfolgen sollten, und zwar in solchen (Minder-)Mengen, die von den Fischen innerhalb von 5 bis 10 Minuten komplett verzehrt werden. Keine Angst, Ihre Tiere werden nicht gleich verhungern. Wenn es die Zeit erlaubt, kann man ja auch mehrmals am Tage kleine Portionen reichen. Wir sollten uns aber immer vor Augen führen, dass die Fische selbst in der Natur nur in Ausnahmefällen auf einen reichlich gedeckten Tisch stoßen. Meist ist die Nahrungssuche zentraler Teil des täg-

Futter bietet der Fachhandel in riesiger Auswahl an.

lichen Überlebenskampfes, mehrwöchige Hungerperioden gehören im Jahresverlauf oder im Wechsel zwischen Regen- und Trockenzeit zum ganz normalen Fischleben, an das sich die Arten angepasst haben.

Wer sich nicht zu schade ist, beispielsweise in der Regentonne nach Mückenlarven zu käschern, eine Fruchtfliegenzucht zu unterhalten oder *Artemia* (Salinenkrebse) zu kultivieren, der kann seinen Lieblingen auch etwas besonders Gutes tun und mit Lebendfutter arbeiten. Das kommt dem natürlichen Beutetrieb vieler Fische entgegen und hat neben ausgewogenen Inhaltsstoffen den Vorteil, dass man relativ schnell ein Gefühl für die Futtermenge entwickelt. Im Extremfall habe ich nur mit Lebendfutter und komplettem wöchentlichen Wasserwechsel über Jahre Zwergprachtkärpflinge paarweise oder als Trio in Plastikschalen mit einem Bruttoinhalt von 2,5 l und einem Substrat aus Wollmopps und Torffasern nachgezogen. Diese Methode ist aber wirklich schon extrem zu nennen und sollte nur nachgeahmt werden, wenn die Wasserwerte auf die Fische zugeschnitten sind und sie auch in der Natur im ruhigen Flachwasser leben.

Kleine Helfer

rechts von oben:
Ein guter Algenfresser ist die Amano-Garnele.

Viele Schneckenarten beseitigen Futterreste.

Red-Fire-Garnelen sind ebenfalls Resteverwerter.

Die kleinen Körbchenmuscheln sind lebende Biofilter.

Kristallrote Bienengarnelen am Futterbrocken.

Wie schon erwähnt, sind jegliche Futterreste ein potenzieller Gefahrenherd für die Fische, sei es, dass sie bei Zersetzung den pH-Wert abstürzen lassen oder die Vermehrung von Pilzen, Pantoffeltierchen oder anderen schädlichen Mikroorganismen begünstigen können. Hier sollten wir vorbeugen und je nach Fischgesellschaft Schnecken oder andere Wirbellose einsetzen, die dafür sorgen, dass das Wasser weniger belastet wird.

Da wären zunächst einmal die Schnecken, unter denen es viele Arten gibt, die sich als Allesfresser geradezu auf die Reste stürzen, die unsere Fischgesellschaft zurück lässt. Man sollte vielleicht auf kleiner bleibende Formen wie Posthornschnecken und Turmdeckelschnecken zurückgreifen. Eine große Apfelschnecke im 20-l-Aquarium ist sicher fehl am Platze, zumal sie doch einen regen Appetit entwickelt und sich artabhängig auch über die Vegetation hermachen kann, wenn das Nahrungsangebot nicht ausreichend ist.

Dann gibt es noch solche Schnecken, die sich als natürliche Scheibenreiniger entpuppen und Algenrasen auf den glatten Flächen erst gar nicht aufkommen lassen. Dazu gehören einige Formen aus der Renn- beziehungsweise Napfschneckenverwandtschaft, beispielsweise Arten der Gattungen *Clithon* und

Neritina. Da es zum Teil schon wieder Nahrungsspezialisten sind, sollte man nicht zu viele Tiere einsetzen. Fünf Geweihschnecken in einem 60-cm-Aquarium sind normalerweise absolut ausreichend.

Erwähnen möchte ich auch noch als Resteverwerter die haltbareren Zwerggarnelenarten der Gattungen *Caridina* und *Neocaridina.* Zu glauben, sie auch sinnvoll als Algenfresser einsetzen zu können, ist eine Utopie. Lediglich die etwas größer werdende Japanische Berggarnele, *Caridina multidentata* (oft auch als *C. japonica* oder Amano-Garnele bezeichnet), macht da zumindest im Hinblick auf Faden- und Pinselalgen eine rühmliche Ausnahme.

Als kleine Biofilter lassen sich dann an der oberen Skala der Nano-Aquarien auch noch die haltbaren Körbchenmuscheln in wenigen Exemplaren einsetzen. Damit sie ausreichend Nahrung abbekommen, muss da aber entweder der Fischbesatz stimmen oder man füttert ab und an speziell für sie zu.

Ein Hinweis: Egal ob Schnecke oder Garnele – auch viele Wirbellose können sich durchaus für Fischlaich begeistern. Wundern Sie sich also nicht, wenn im Gemeinschaftsaquarium der Nachwuchs ausbleibt.

Die richtigen Wasserwerte

Foto: G. Havlena, pixelio.de

Häufig für Frustration bei den Aquarianern sorgen Situationen, in denen Fisch und Wasser einfach nicht zueinander passen. Werden hier bei größeren Aquarien oder sogar Aquarienanlagen Osmoseanlage, Mischbettfilter oder Anionen- und Kationen-Austauscher angeschafft, scheut man die Kosten in der Regel für ein Nano-Aquarium. Man sollte sich daher vor Anschaffung der Fische gezielt beim örtlichen Wasserversorger nach den wichtigsten Parametern des Trinkwassers wie pH-Wert, Gesamt- und Karbonathärte erkundigen und sich dann die Fische so aussuchen, dass sie zum Wasser passen. Nachzuchtstämme sind oft wesentlich anpassungsfähiger als frisch importierte Wildfänge.

Ein gut ausgebildeter Zoofachverkäufer steht sicher auch gerne beratend zur Seite, wenn es darum geht, den richtigen Besatz auszusuchen. Scheuen Sie sich aber nicht davor, erst selbst etwas nachzulesen. Es sind Lebewesen, mit denen Sie sich beschäftigen wollen, und kein Plastikspielzeug. Mit der Anschaffung übernehmen Sie auch die Verantwortung für ein Mitgeschöpf, das ordentlich behandelt werden möchte.

Foto: M. Beier, pixelio.de

Fische für ein erfolgreiches Nano-Aquarium

In der Folge habe ich eine kleine Übersicht an Arten zusammengestellt, die man in einem Nano-Aquarium erfolgreich halten und zum überwiegenden Teil sogar mit etwas Fingerspitzengefühl vermehren kann. Meist sind es durchaus Fische, die im Zoofachhandel häufig vertreten sind. Einige zusätzliche Schmankerln, die mir selbst schon viel Freude gemacht haben, konnte ich mir dann aber trotzdem nicht verkneifen. Gleichwohl ist dies die berühmte „Spitze des Eisbergs". Wenn man daran denkt, dass allein bei den Eierlegenden Zahnkarpfen, den Killifischen, sicher zumindest 150 bis 200 äußerst ansprechend gefärbte Arten in die Sparte Nano-Aquaristik fallen, ist klar, dass eine Fibel mit ihrem beschränkten Umfang das Thema lediglich anreißen kann.

Kleinsalmler sind meist ein idealer Besatz für Pflanzenaquarien.

Gelber Phantomsalmler

Hyphessobrycon roseus

Herkunft:
Nördliches Südamerika

Größe:
2,5 cm

Aquarium:
60 l

Temperatur:
23 - 27 °C

pH:
6,6 - 7,8

GH:
< 25

Ernährung:
Allesfresser

Mittlerweile werden von dieser hübschen Art überwiegend Nachzuchten gehandelt, die mit Leitungswasser beinahe überall auskommen und auch sonst sehr unkompliziert sind.

Die Fische können in einer kleinen Gruppe in Aquarien ab 60 l Inhalt gehalten werden.

Eine teilweise dichte Randbepflanzung und etwas Struktur im Aquarium, dazwischen aber auch freier Schwimmraum, sind zu empfehlen. Mit Schwimmpflanzen kann man schattige Bereiche bilden, die von den Tieren gerne aufgesucht werden.

Gegenüber anderen Arten eigentlich friedlich, können die Männchen während der Fortpflanzung untereinander etwas ruppig werden, ohne aber gleich Schaden zu nehmen. Die Allesfresser lieben beim Futter die Abwechslung, wozu hin und wieder auch Frost- oder Lebendfutter gehört.

Gelbe Phantomsalmler in Gesellschaft.

Man sollte die Fische in einer Gruppe von mindestens sieben Tieren halten.

Die Schwanzflosse kann bei Wohlbefinden intensiv rot gefärbt sein.

Männchen (links) und Weibchen von *Hyphessobrycon roseus.*

Pfeffersalmler

Axelrodia stigmatias

Herkunft:
Südamerika, oberer Amazonas- und mittlerer Madeira-Einzug

Größe:
2,5 cm

Aquarium:
30 l

Temperatur:
22 - 26 °C

pH:
5,5 - 7,2

GH:
< 10

Ernährung:
Allesfresser

Die Färbung des Pfeffersalmlers ist stimmungsabhängig.

Aus dem Verbreitungsgebiet des Roten Neon, *Paracheirodon axelrodi,* stammt auch dieser Kleinsalmler, der in den Verkaufsaquarien des Zoofachhandels zunächst einmal nicht besonders auffällt.

Das Nano-Aquarium für diese Fische sollte einen dunklen Bodengrund besitzen und über eine ordentliche Bepflanzung verfügen. Schwimmpflanzen können die direkte Beleuchtung etwas dämpfen. Dekorativ wirkt auch eine nicht zu mächtige Moorkienholzwurzel. Lebendfutter kann in Form von *Artemia*-Nauplien und Hüpferlingen gereicht werden. Die Fische nehmen aber auch alles Kunstfutter auf, das von der Oberfläche absinkt und ins Maul passt.

Vergesellschaften kann man sie mit Zwergpanzerwelsen und anderen Kleinsalmlern, die ähnliche Wasserwerte mögen.

Schilfsalmler

Hyphessobrycon elachys

Herkunft:
Südamerika, Paraguay-Einzug

Größe:
2,5 cm

Aquarium:
30 l

Temperatur:
23 - 27 °C

pH:
6,0 - 7,5

GH:
< 15

Ernährung:
Allesfresser

Wer diesen attraktiven südamerikanischen Salmler im Aquarium langfristig erhalten will, sollte sich auf ein Artaquarium beschränken, das mit feinfiedrigen Stängelpflanzen und Moospolstern ausgestattet ist. Die Schilfsalmler werden zwar nur wenig Nachwuchs aufkommen lassen, zur Erhaltung langt es aber.

Die Männchen bilden vorübergehend kleine Reviere und liefern sich untereinander dann heftige Schaukämpfe, die in der Regel ohne Verletzungen enden. In Aquarien ab 60 l Inhalt aufwärts bietet sich eine Vergesellschaftung an, besonders mit Zwergpanzerwelsen wie dem ähnlich gezeichneten *Corydoras hastatus.* Da die Nahrung ungern vom Boden aufgenommen wird, sind Schnecken und/ oder Zwerggarnelen für Futterreste zu empfehlen.

Männliche Schilfsalmler werden zeitweise territorial.

Feuersalmler

Hyphessobrycon amandae

Herkunft:
Brasilien, Araguaia-Einzug

Größe:
2,5 cm

Aquarium:
30 l

Temperatur:
24 - 28 °C

pH:
5,8 - 7,8

GH:
< 20

Ernährung:
Allesfresser

Wenn diese rötlichen Fische in riesigen Verbänden durch ihre Heimatgewässer schwimmen, sehen sie wie sich bewegende Flammen aus. Vielleicht haben sie daher ihre deutschen Namen Funken- oder Feuersalmler.

Der Daueransatz einer kleinen Gruppe von etwa 10 bis 15 Tieren ist bereits in Aquarien ab 30 l Inhalt möglich. Bei stellenweise dichter Bepflanzung, weichem und leicht sauerem Wasser und abwechslungsreicher Ernährung können im Artaquarium vereinzelt sogar Jungfische aufkommen.

Steht mehr Platz zur Verfügung, dann lassen sich andere friedliche Kleinfische, Zwerggarnelen und Schnecken vergesellschaften, die ähnliche Wasserwerte bevorzugen sollten. Leider kommt dabei allerdings vermutlich kein Nachwuchs auf, weil der Laich oft als zusätzlicher Leckerbissen dient.

Foto: B. Kahl

Feuersalmler sollte man in einer Gruppe halten.

Glühlichtsalmler

Hemigrammus erythrozonus

Herkunft:
Nördl. Südamerika, Essequibo-Einzug

Größe:
3,5 cm

Aquarium:
60 l

Temperatur:
23 - 28 °C

pH:
6,0 - 8,0

GH:
3 - 15

Ernährung:
Allesfresser

Glühlichtsalmler sind anpassungsfähige Fische.

Diese attraktive Art bewohnt kleinere Fließgewässer und damit zeitweise in Verbindung stehende Überschwemmungszonen mit Vegetation. Sie schließt sich gerne mit anderen Friedfischen zu kleinen losen Gruppen zusammen.

Entsprechend ihrer Endgröße können 10 bis 15 Fische in einem Aquarium ab 60 l Inhalt gepflegt werden. Das sollte nicht zu hell und trotzdem gut bepflanzt sein. Die Allesfresser können durchaus auch mit anderen Arten vergesellschaftet werden.

Abgelaicht wird gattungstypisch. Die Zucht gelingt in über Torf gefiltertem weichem Wasser (pH 6 oder darunter, 24 bis 26 °C). Die Art ist zwar produktiv, die Fische wachsen aber manchmal unterschiedlich schnell. Zu Anfang benötigen sie feinstes Tümpelfutter.

Roter von Rio

Hyphessobrycon flammeus

Herkunft:
Südamerika, Gewässer um Rio de Janeiro

Größe:
3 cm

Aquarium:
40 l

Temperatur:
22 - 28 °C

pH:
5,8 - 7,8

GH:
3 - 25

Ernährung:
Allesfresser

Diese Art kommt mit niedrigen Temperaturen aus.

Der Rote von Rio, so der deutsche Name für diese Art, ist ein haltbarer südamerikanischer Salmler, der keine hohen Temperaturanspüche stellt. Über Jahrzehnte ist er domestiziert worden und hat nicht mehr den Nachteil manch anderer verwandter Arten, auf relativ extreme Wasserwerte angewiesen zu sein.

Für eine Gruppe von 10 bis 12 erwachsenen Tieren bietet bereits ein Aquarium mit 60 cm Kantenlänge hinreichend Platz. Man sollte einen nicht zu hellen Bodengrund benutzen und die Bepflanzung so anordnen, dass auch freier Schwimmraum vorhanden ist. Mithilfe einer oder mehrerer Wurzelstücke lässt sich das Aquarium optisch unterteilen. So können die Tiere einander auch einmal aus dem Weg schwimmen, was besonders für konkurrierende Männchen wichtig ist.

Die Zucht gelingt bei paarweisem Ansatz bereits in Aquarien ab 10 l Inhalt. Wichtig ist möglichst keimfreies unbelastetes Wasser mit etwa 22 °C Temperatur. Wenn man das gut genährte Zuchtpaar tagsüber einsetzt, kommt es meist schon am nächsten Morgen zur Fortpflanzung. Gelaicht wird an beziehungsweise auf Pflanzenmaterial oder Torffasern. Die Eltern sind anschließend zu entfernen. Aus den durchaus mehreren Hundert Eiern schlüpfen nach 24 Stunden die zunächst glasig wirkenden Larven. Erst wenn sich aus ihnen kleine Fische entwickelt haben, die frei im Wasser schwimmen, muss mit Infusorien angefüttert werden. Wenige Tage später werden auch frisch geschlüpfte *Artemia*-Nauplien genommen.

rechte Seite:
Der Rote von Rio kommt am besten in einer Gruppe zur Geltung.

Foto: B. Kahl

Königssalmler

Inpaichthys kerri

Herkunft:
Brasilien, Aripuana- und Madeira-Einzug

Größe:
3,5 cm

Aquarium:
60 l

Temperatur:
23 - 27 °C

pH:
6,0 - 8,0

GH:
< 12

Ernährung:
Allesfresser

Der Königssalmler bekam zwar erst 1977 seinen wissenschaftlichen Namen, er hat sich aber schnell in der Aquaristik etabliert. Heute werden überwiegend Nachzuchten gehandelt. Neben der Naturform kennen wir noch zwei Zuchtformen, die als „Pink" und „Super Blau" gehandelt werden. Entsprechend ihrer Endgröße sollte man selbst einer kleinen Gruppe dieser Fische mindestens ein Aquarium mit 60 cm Kantenlänge gönnen. Die Vergesellschaftung mit anderen friedlichen Fischen stellt in noch größeren Aquarien sicher kein Problem dar.

Besonders die farbenprächtigen Männchen zeigen ihre wahre Schönheit nur in dicht bepflanzten und mäßig beleuchteten Aquarien mit dunklem Bodengrund. Bitte achten Sie auch hier auf ausreichend freie Flächen als Schwimmraum. Wie die meisten kleinen Salmler sind die Königssalmler Allesfresser, die durchaus nur mit Kunstfutter (Flocke, feines Granulat) ernährt werden können. Die nicht besonders schwierige Zucht gelingt am ergiebigsten in einem Spezialaquarium mit Laichrost, das die Eier vor den Nachstellungen der Elternfische schützt. Man senkt für die Vermehrung den pH-Wert auf Werte um pH 6 ab und nutzt am besten weiches Wasser. Optimal ist eine Zuchttemperatur von 25 bis 26 °C. Nachdem die Fischlarven ihren Dottervorrat abgebaut haben und frei schwimmen, kann man sie mit frisch geschlüpften *Artemia*-Nauplien ernähren.

Wem das zu aufwendig ist: Auch in Aquarien mit Moospolstern oder dichten Beständen aus feinfiedrigen Pflanzen kommen vereinzelt Junge auf.

Vom Königssalmler gibt es verschiedene Farbschläge.

Männchen des Königssalmlers in der Naturform.

Diese Variante entstand durch Selektionszucht.

Dunkles Männchen einer weiteren Zuchtform.

Längsbandsalmler

Nannostomus beckfordi

Herkunft:
Nördliches Südamerika

Größe:
4,5 cm

Aquarium:
60 c

Temperatur:
23 - 27 °C

pH:
6,0 - 8,0

GH:
< 20

Ernährung:
Allesfresser, kleine Futterflocken

Erwachsene Männchen sind farbiger als die Weibchen.

Der Längsband(zier)salmler ist ein Wärme liebender Fisch, der in seiner südamerikanischen Heimat Gewässerbereiche mit Vegetation oder Rückzugsmöglichkeiten in Form von Falllaub und Wurzeln bevorzugt. Oft sind die Tiere relativ standorttreu, was sie trotz ihrer möglichen Endgröße auch für kleinere Aquarien geeignet macht. Die Vergesellschaftung mit anderen Arten stellt keine Probleme dar. Als gesellige Tiere sollte man sie mindestens in einer Gruppe von sechs bis acht Tieren halten. Besonders in Laichstimmung legen die etwas dünner wirkenden Männchen ihr schönstes Farbkleid an.

Lebendfutter wird bevorzugt, wenn es maulgerecht ist. Die quirligen Fische gehen aber auch gerne an Flocken- und feines Granulatfutter.

Zwergziersalmler

Nannostomus marginatus

Geradezu prädestiniert für Nano-Aquarien sind die hübschen Zwergziersalmler. Auch in ihrer Heimat ziehen sie nicht weite Strecken durch das offene Wasser, sondern halten sich eher ufernah an verkrauteten oder zumindest deckungsreichen Stellen auf. Weil die Männchen in Fortpflanzungsphasen kleine, zeitlich begrenzte Reviere bilden, die im Zentrum über einen geeigneten Laichplatz (feinfiedrige Pflanze, Moospolster) verfügen, sollte man bereits bei der Einrichtung die Pflanzen so setzen, dass das Aquarium später strukturiert ist. Dafür lassen sich kleine Wurzelstücke oder Steinholz ebenfalls gut gebrauchen.

In der Natur kommt die Art oft gemeinsam mit verschiedenen anderen Salmlern vor, ein deutlicher Hinweis auf ihre Eignung für ein Gesellschaftsaquarium, wenn dann ausreichend Platz vorhanden ist. Aber auch bei reiner Arthaltung sollten zumindest sechs bis acht Fische angeschafft werden.

Erwachsene Weibchen sind an ihrem Laichansatz und der dezenteren Färbung eindeutig von den auffälligeren Männchen zu unterscheiden. Wer es einmal mit der Zucht versuchen möchte: paarweiser Ansatz im abgedunkelten 5-l-Aquarium ohne Dekoration und lediglich Torffasern als Laichsubstrat. Wasser weich und sauer, Temperatur um 27 °C. Ablaichen meist morgens, Eltern anschließend entfernen. Larvenschlupf nach 24 bis 30 Stunden. Erstnahrung beim Freischwimmen feines Staubfutter, später frisch geschlüpfte Nauplien des Salinenkrebses.

Herkunft:
Mittleres bis nördliches Südamerika

Größe:
3,5 cm

Aquarium:
60 l

Temperatur:
24 - 26 °C

pH:
5,8 - 7,5

GH:
< 15

Ernährung:
Allesfresser, kleine Futterbrocken

Das Maul der Zwergziersalmler ist relativ klein.

Foto: B. Kahl

Purpurziersalmler

Nannostomus mortenthaleri

Herkunft:
Südamerika, Peru

Größe:
3,5 cm

Aquarium:
60 l

Temperatur:
23 - 27 C

pH:
6,0 - 7,8

GH:
< 18

Ernährung:
Allesfresser, kleine Futtertabletten

Der peruanische Purpur-Ziersalmlers ist eine der auffälligsten Arten der Gattung. Leider vereitelt der Konkurrenzkampf der Männchen untereinander eine Haltung in sehr kleinen Aquarien. 60 Liter dürften die Untergrenze für ein Männchen und drei bis vier Weibchen sein. Aber schon hier muss dann auch die Einrichtung so gestaltet sein, dass Sichtbarrieren und Rückzugsmöglichkeiten vorhanden sind. Anderen Arten gegenüber verhalten sich die Männchen weitgehend passiv.

Die Ernährung kann mit hochwertigem Kunstfutter erfolgen. Ab und an Frost- oder Lebendfutter sind trotzdem nicht verkehrt. Die Futterbrocken immer so wählen, das die Fische sie mit ihrem kleinen Maul auch gut aufnehmen können.

Balzendes Männchen von *Nannos-tomus mortenthaleri.*

Dem zugehörigen Weibchen fehlt das flächige Rot.

Im Vergleich dazu der verwandte *Nannostomus rubrocaudatus.*

Grüner von Kamerun

Neolebias ansorgei

Herkunft:
Westafrika, Benin bis Kongo

Größe:
3,5 cm

Aquarium:
30 l

Temperatur:
20 - 28 °C

pH:
5,0 - 7,5

GH:
< 15

Ernährung:
Allesfresser

Diese westafrikanische Salmlerart wird in den letzten Jahren überwiegend als Wildfang aus Nigeria importiert. Aus ihrem Verbreitungsgebiet kennen wir in Farbe und Körperform leicht unterschiedliche Lokalvarianten.

Leider zeigen sich diese Fische im Artenbecken manchmal sehr scheu, so dass es dann besser ist, eine zweite Art zu vergesellschaften. Die Nachzucht ist nicht unbedingt schwierig. Ich setze eine gemischte Gruppe von fünf oder sechs Tieren in einem Aquarium von 40 x 25 x 25 cm an, das als Einrichtung eine etwa 5 cm hohe Bodenschicht aus Fasertorf sowie darauf einige Büschel Javafarn besitzt. Das Wasser wird über einen Luftinnenfilter bewegt.

Die kleinen Eier werden zwischen den Torffasern abgesetzt, ihnen wird mäßig nachgestellt. Wenn nach zwei Tagen die ersten Larven an den Scheiben hängen, werden die Elterntiere umgesetzt. Frei schwimmende Junge benötigen zunächst feinstes Staubfutter (Pantoffeltierchen usw.), das sich meist schon durch die Verunreinigungen in den Torffasern eingestellt hat. Einige Tage später kann man auch frisch geschlüpfte *Artemia*-Nauplien reichen, aber bitte mäßig, denn in dem schwach saueren Wasser leben die nicht lange. Wenn sie sich als sterbende Schicht an einer nicht einsehbaren Stelle ablagern, bilden sie für Mikroorganismen einen gehaltvollen Nährboden, was zu einer Massenvermehrung sauerstoffzehrender Einzeller führen kann. Unter Umständen bilden sich anaerobe Zonen, sehr zum Nachteil des Salmlernachwuchses.

Neolabias ansorgei: kommen in unterschiedlichen Standortvarianten vor und sind im Artenbecken durchaus nachzüchtbar.

Kerguenna-Salmler

Neolebias kerguennae

Herkunft:
Westafrika, Gabun

Größe:
3 cm

Aquarium:
30 l

Temperatur:
20 - 28 °C

pH:
6,0 - 7,8

GH:
< 15

Ernährung:
Allesfresser, kleine Futterbrocken

Das Verbreitungsgebiet dieses kleinen Salmlers liegt in der Küstenebene Gabuns. Die Fische halten sich nach meinen Beobachtungen in losen Gruppen in Wassertiefen bis zu 60 cm auf, wobei ruhige flache Zonen bevorzugt werden. Meist liegt eine dünne Laubschicht auf dem sandigen Boden. Totholz und ins Wasser ragende Wurzelbärte der Ufervegetation bilden weitere Versteckmöglichkeiten. Echte Wasserpflanzen fehlen hingegen in der Regel.

Das Aquarium wird mit dicht bewachsenen Zonen und Freiflächen abwechslungsreich gestaltet. Einige Blätter Falllaub auf dem Boden machen sich optisch recht gut. Streitigkeiten untereinander bleiben ebenso aus wie Plänkeleien mit anderen Arten. Bei der Balz sind die Männchen besonders intensiv gefärbt und der typische blauweiße Saum der Afterflosse wird deutlich sichtbar. Die Zucht entspricht weitgehend der von *Neolebias ansorgei.*

Männchen von *Neolebias kerguennae.*

Adonis-Salmler

Lepidarchus adonis

Wenn man von den Importen ausgeht, hat man für diesen westafrikanischen Salmler gleich die passende Begleitung: Vergesellschaftet werden der Zwergringelhechtling, *Pseudepiplatys annulatus,* der Leuchtaugenfisch, *Aplocheilichthys normani*, und ein zweiter Kleinsalmler, *Ladigesia roloffi.* Anscheinend bewohnen diese Tiere die gleiche ökologische Nische und zeigen auch von den bevorzugten Wasserwerten her eine weitgehende Übereinstimmung.

Adonis-Salmler können sich bei Einzelhaltung als echte Sensibelchen erweisen. Dann sollte man eine weitere Art hinzu setzen, die weniger stressempfindlich ist. Selbstverständlich darf dann die Aquariummindestgröße 54 l nicht unterschreiten. Eine Fischgesellschaft aus beispielsweise zehn *Lepidarchus adonis* und vier *Epiplatys annulatus* ist darin dauerhaft zu halten. Bei normaler Pflege können die Salmler so älter als vier Jahre werden.

Herkunft:
Westafrika: Ghana, Elfenbeinküste

Größe:
2,5 cm

Aquarium:
30 l

Temperatur:
22 - 26 °C

pH:
5,8 - 7,5

GH:
< 10

Ernährung:
Allesfresser, bevorzugt feines Lebendfutter

Zwei Männchen des Adonis-Salmlers.

Foto: B. Kahl

Orangeroter Zwergsalmler

Ladigesia roloffi

Herkunft:
Guinea, Liberia, Sierra Leone

Größe:
3,5 cm

Aquarium:
60 l

Temperatur:
22 - 26 °C

pH:
6,0 - 7,4

GH:
< 12

Ernährung:
Allesfresser

Wie bereits erwähnt, kommen diese hübschen Salmler mit ihrer goldgelben bis grünen Körperfarbe und den orangefarbenen Flossen in der Regel als Importe aus Guinea zu uns. Wegen ihres ruhigen Temperaments sind sie ein idealer Besatz für kleine bis mittelgroße Pflanzenaquarien mit etwas gedämpfter Beleuchtung. Sie schwimmen manchmal in kleinen Gruppen durch das Becken, man kann dabei aber keinesfalls von Schwarmverhalten sprechen.

Selbstverständlich verbietet es sich in Aquarien unter 80 l Inhalt, eine bunte Gesellschaft aus vielen verschiedenen Arten zu pflegen. Steht zum Beispiel ein Standardaquarium mit 60 cm Kantenlänge zur Verfügung, lassen sich darin jedoch durchaus insgesamt 20 *Ladigesia roloffi* und *Lepidarchus adonis* sowie drei Paare *Pseudepiplatys annulatus* halten, ohne dass es zwischen diesen Fischen zu Komplikationen kommt. Wichtig ist bei dieser Kombination allerdings, dass entweder ein paar Schnecken oder einige Zwerggarnelen mit im Aquarium sind. Sie sorgen dafür, dass mit Futterresten am Boden aufgeräumt wird. Die vorgenannten Fische nehmen die Nahrung eher im freien Wasser (die beiden Salmlerarten) oder von der Oberfläche (der Ringelhechtling) auf. Von daher würde abgesunkenes Futter auf dem Substrat unter Umständen anfangen zu faulen und das Wasser belasten. Auch unliebsame Mikroorganismen können sich durch ein großes Nahrungsangebot massenhaft vermehren.

Ladigesia roloffi sind in der Färbung sehr variabel.

Zwergkärpfling

Heterandria formosa

Diese kleinen Lebendgebärenden Zahnkarpfen aus dem südöstlichen Teil der USA leben meist in stark verkrauteten oder mit Falllaub durchsetzten Gewässern. Sie bieten vielen Fischen Schutz vor Fressfeinden und Ruhe vor größeren Nahrungskonkurrenten.

Hinsichtlich der Wasserwerte zeigt sich der domestizierte Zwergkärpfling als außerordentlich tolerant. Lediglich in sehr weichem oder sehr hartem Wasser fühlt er sich augenscheinlich nicht wohl. Zwar eignen sich schon kleinste Becken ab 20 l Inhalt für einen Dauerzuchtansatz dieser Art, doch ist ein größeres Aquarium angesagt, wenn man nicht immer den sich nach und nach einstellenden Nachwuchs abfischen will.

Der künstliche Lebensraum Aquarium darf mit Pflanzen, Wurzeln und Dekosteinen abwechslungsreich gestaltet sein. Schwimmpflanzen oder dichte Pflanzengruppen erlauben es den Weibchen, sich von den stark treibenden Männchen zurückzuziehen. Eine Vergesellschaftung mit anderen Kleinfischen ist möglich. In der Natur kommen zum Beispiel Zwergsonnenbarsche der Gattung *Elassoma,* der Wichtelkärpfling, *Leptolucania ommata* und manchmal auch *Lucania goodei* gemeinsam vor.

Während einer Fortpflanzungsperiode setzen die kräftigeren und größer werdenden Weibchen pro Tag ein bis zwei Jungfische ab, die in einem stark bewachsenen Aquarium gute Überlebenschancen haben. Sie sind wie ihre Eltern Allesfresser, die selbst mit Kunstfutter zufrieden sind.

Herkunft:
südöstliche USA

Größe:
3,5 cm

Aquarium:
20 l

Temperatur:
20 - 26 °C

pH:
6,5 - 8,0

GH:
6 - 20

Ernährung:
Allesfresser

Foto: B. Kahl

Weibchen mit zwei Männchen.

Zwergschmuckkärpfling

Neoheterandria elegans

Herkunft:
Kolumbien, Rio Truando

Größe:
2,5 cm

Aquarium:
30 l

Temperatur:
24 - 28 °C

pH:
6,8 - 8,0

GH:
6 - 20

Ernährung:
Allesfresser

Oben ist ein Weibchen und unten ein Männchen abgebildet.

Ebenfalls ein Zwerg unter den Lebendgebärenden Zahnkarpfen ist der Teddykärpfling, der aus Kolumbien stammt. Er kommt im Daueransatz (3 Männchen, 5 Weibchen) bereits mit Aquarien ab 30 l Inhalt an zurecht, kann aber auch in größeren Behältern gepflegt werden, wobei diese keinen besonders hohen Wasserstand haben müssen. Empfindlich zeigt sich die Art bei niedrigen Wassertemperaturen. Es sollten schon mindestens 23 °C sein, damit sich die Fische wohl fühlen. Dazu steuert außerdem eine abwechslungsreiche Ernährung bei.

In entsprechend geräumigen, ruhig stellenweise dicht bepflanzten Aquarien kann man auch einen gemischten Besatz versuchen. Geeignet als Begleiter sind Zwergpanzerwelse, außerdem klein bleibende Salmler. Auch mit den friedlichen Zwerggarnelen haben wir gute Erfahrungen gemacht.

Zwergsonnenbarsch

Elassoma okefenokee

Okefenokee-Zwergsonnenbarsche stammen aus den südöstlichen USA, wo sie sich am liebsten in dicht bewachsenen Flachwasserzonen von Tümpeln, Teichen und Fließgewässern aufhalten. Im Zoogeschäft erhältliche Tiere wurden meist in Deutschland geboren, denn offizielle Exporte aus Nordamerika gibt es keine.

Die kleinen Fische sind nicht besonders schwimmfreudig und bereits mit Minibiotopen von 30 l an aufwärts zufrieden. Wenn das Aquarium dann noch richtig schön verkrautet ist, beispielsweise mit Wasserpest und Moospolstern, dann fühlen sich die Tiere darin so richtig wohl. Ein Männchen und zwei bis drei Weibchen können in solch einem Becken durchaus erfolgreich im Daueransatz gehalten werden und sich darin sogar vermehren.

Als Nahrung eignet sich am besten Tümpelfutter. Wasserflöhe, Hüpferlinge und Mückenlarven stehen auf der Speisekarte. Ersatzweise dürfen es auch Salinenkrebschen oder deren Nauplien sowie Wurmfutter sein.

In größeren Aquarien kommt auch eine Vergesellschaftung infrage. Orientiert man sich an der Natur, sind dies zum Beispiel der Zwergkärpfling, *Heterandria formosa,* der Wichtelkärpfling, *Leptolucania ommata,* oder *Lucania goodei,* ein weiterer Eierlegender Zahnkarpfen. So schön solche Gesellschaftsaquarien aber auch sind, Nachwuchs wird sich hier mit Sicherheit nicht von allen Arten einstellen. Bereits bei ab 20 °C werden die Männchen des Zwergsonnenbarschs territotial. Im attraktiven Balzkleid umwerben sie ihre Weibchen. Gelaicht wird an Wasserpflanzen, die anschließende Brutpflege ist lediglich indirekt.

Herkunft:
Nordamerika, südöstliche USA

Größe:
3,5 cm

Aquarium:
30 l

Temperatur:
4 - 28 °C

pH:
6,0 - 7,6

GH:
< 20

Ernährung:
Bevorzugt Lebendfutter, auch Frostfutter

Männchen mit leuchtend blauen Flossensäumen.

Zwergpanzerwels

Corydoras pygmaeus

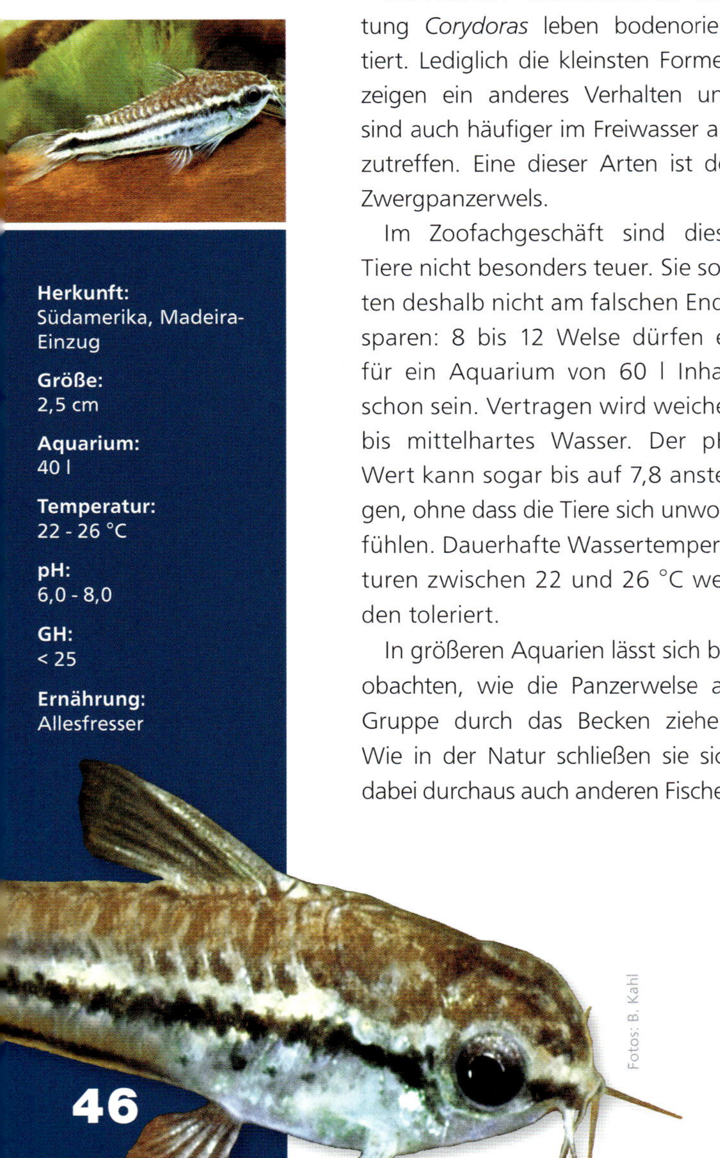

Herkunft:
Südamerika, Madeira-Einzug

Größe:
2,5 cm

Aquarium:
40 l

Temperatur:
22 - 26 °C

pH:
6,0 - 8,0

GH:
< 25

Ernährung:
Allesfresser

Fotos: B. Kahl

Die meisten Panzerwelse der Gattung *Corydoras* leben bodenorientiert. Lediglich die kleinsten Formen zeigen ein anderes Verhalten und sind auch häufiger im Freiwasser anzutreffen. Eine dieser Arten ist der Zwergpanzerwels.

Im Zoofachgeschäft sind diese Tiere nicht besonders teuer. Sie sollten deshalb nicht am falschen Ende sparen: 8 bis 12 Welse dürfen es für ein Aquarium von 60 l Inhalt schon sein. Vertragen wird weiches bis mittelhartes Wasser. Der pH-Wert kann sogar bis auf 7,8 ansteigen, ohne dass die Tiere sich unwohl fühlen. Dauerhafte Wassertemperaturen zwischen 22 und 26 °C werden toleriert.

In größeren Aquarien lässt sich beobachten, wie die Panzerwelse als Gruppe durch das Becken ziehen. Wie in der Natur schließen sie sich dabei durchaus auch anderen Fischen an. Bei entsprechenden Platzvoraussetzungen spricht also nichts gegen eine Vergesellschaftung mit anderen kleinen Friedfischen.

Die Allesfresser sind einfach zu ernähren. Im Gesellschaftsaquarium nehmen sie sich deshalb auch dem Futter an, das zu Boden gesunken ist und unter Umständen von den anderen Aquariumbewohnern nicht mehr beachtet wird.

Sogar die Fortpflanzung lässt sich beobachten. Dazu setzt man eine kleine Panzerwelsgruppe in ein Aquarium mit etwa 20 l Inhalt, das mit weichem und schwach sauerem Wasser befüllt ist. Stimmen die Voraussetzungen, dann kommt es zum paarweisen Ablaichen. Die Eier werden an den Einrichtungsgegenständen und sogar an den Aquariumscheiben abgesetzt. Am besten entfernt man anschließend die Alttiere. Am Ende der Larvenentwicklung sind die Jungwelse noch sehr klein und müssen anfangs mit feinem Staubfutter ernährt werden. Wenn sie dann frisch geschlüpfte *Artemia*-Nauplien bewältigen können, ist die weitere Aufzucht kein Problem mehr.

Foto: B. Kahl

Männchen und Weibchen (vorne) von *Corydoras pygmaeus*.

Zwergpanzerwelse sind auch sehr schwimmaktiv.

Foto: I. Seidel

Gefleckter Zwergpanzerwels

Corydoras habrosus

Herkunft:
Südamerika, oberes Orinoko-Becken

Größe:
2,8 cm

Aquarium:
40 l

Temperatur:
23 - 28 °C

pH: 6,0 - 8,0

GH: < 25

Ernährung:
Allesfresser, Wurmfutter

Wie die anderen Zwergpanzerwelse ist auch diese Art ausgesprochen friedlich.

Damit bietet sie sich als Teil einer kleinen Fischgesellschaft an, die auch sonst aus Friedfischen besteht. Eventuell kann man es sogar mit Zwerggarnelen versuchen, doch dürfte dann von deren Nachwuchs kaum etwas aufkommen.

Am besten pflegt man die *Corydoras* als kleinen Trupp. Obwohl diese Fische sich ebenfalls in anderen Wasserschichten aufhalten können, wird der untere Beckenbereich doch bevorzugt.

Die Bepflanzung wird nicht beachtet, auch den unterschiedlichsten Wasserwerten gegenüber zeigen sich die Fische als ausgesprochen tolerant.

Zur Ernährung genügt das übliche Kunstfutter, beispielsweise in Tablettenform. Die kleinen Panzerwelse stellen aber ebenfalls gerne maulgerechtem Lebendfutter nach, allem voran Wurmfutter.

Auch Bindenmuster sind manchmal vorhanden.

Foto: B. Kahl

Sichelfleck-Panzerwels

Corydoras hastatus

Der Sichelfleck-Zwergpanzerwels ist die dritte kleinbleibende *Corydoras*-Art. Auch heute noch wird er gelegentlich aus Südamerika importiert, was man daran sehen kann, dass sich in den Welsschwärmen dann vereinzelt auch Beifänge befinden.

Wer sich an der Zucht versuchen will, kann eine kleine Gruppe erwachsener Tiere bereits in Aquarien von etwa 30 l Inhalt einsetzen, die keine großartige Einrichtung benötigen. Wichtiger ist eher unbelastetes, weiches und leicht saueres Wasser mit einer Temperatur zwischen 22 und 24 °C. Stimmen die äußeren Umstände, dann geraten alle Fische in Laichstimmung. Die Eier finden sich anschließend an Pflanzenteilen, Wurzeln und sogar an der technischen Einrichtung und den Aquariumscheiben. Man sollte die erwachsenen Welse wieder umsetzen, damit sich der Nachwuchs in Ruhe entwickeln kann. Bei anfangs sehr feinem Futter und dem anschließenden Umstellen auf kleine *Artemia*-Nauplien ist die Aufzucht ohne größere Verluste möglich.

Sichelfleck-Zwergpanzerwelse sind nicht nur für Mini-Salmler aus Südamerika eine empfehlenswerte Ergänzung. Zum Beispiel lassen sie sich auch mit den asiatischen Bärblingen der Gattungen *Boraras* und *Trigonostigma* ohne Einschränkung vergesellschaften – wenn ausreichend Platz vorhanden ist. Im Gesellschaftsaquarium müssen sie dabei nicht gesondert gefüttert werden, denn sie machen sich auch über das Futter her, das von den anderen Insassen nicht mehr beachtet wird.

Herkunft:
Südamerika, Amazonas- und Paraguay-Einzug

Größe:
3 cm

Aquarium:
30 l

Temperatur:
24 - 28 °C

pH:
6,0 - 8,0

GH:
5 - 19

Ernährung:
Allesfresser, maulgerechte Nahrung am Boden

Foto: B. Kahl

Zwerg-Ohrgitterwels

Otocinclus hoppei

Herkunft:
Südamerika, Madeira-Becken, Ucayali-Zuflüsse

Größe:
3,5 cm

Aquarium:
ab 40 l

Temperatur:
23 - 28 °C

pH:
6,0 - 7,8

GH:
< 20

Ernährung:
Aufwuchsfresser, geht auch an Kunstfutter am Boden

Ohrgitterwelse tauchen im Handel meist periodisch auf, was damit zusammen hängt, dass fast ausschließlich Wildfänge importiert werden, die nur zu bestimmten Jahreszeiten gefangen werden können. Vom Aussehen her sind einige recht ähnlich, sodass die Bestimmung nicht immer ganz einfach ist.

Die hier vorgestellte Art ist ein gutes Beispiel für solche Formen, die bereits mit kleineren Aquarien zufrieden sind und sich darin halten lassen, wenn die Einrichtung, das Futterangebot und die Wasserwerte stimmen.

In der Natur fressen die Tiere häufig Algen beziehungsweise Aufwuchs, was sie auch für die sanfte Algenprophylaxe im Aquarium interessant macht, obwohl sie hier ebenso Futtertabletten oder andere zusätzlich angebotene Nahrung annehmen.

Die Zucht soll im Artbecken möglich sein. Das Ablaichen vollzieht sich nach vorherigem Treiben durch das Männchen in der sogenannten T-Stellung. Es werden jeweils nur wenige, stark haftende Laichkörner an Einrichtungsgegenstände oder die Aquariumscheiben geheftet.

Otocinclus hoppei, wie er im Fachhandel meist angeboten wird.

Ganz ähnlich sieht *Otocinclus* cf. *vittatus* aus.

Auch *Otocinclus* sp. aff. *macrospilus* stellt ähnliche Ansprüche.

Im Freiwasser schwimmen die Ohrgitterwelse meist nur kurze Strecken.

Fotos: I. Seidel

Zwergringelhechtling

Pseudepiplatys annulatus

Herkunft:
Westafrika: Guinea, Liberia, Sierra Leone

Größe:
4 cm

Aquarium:
20 l

Temperatur:
23 - 27 °C

pH:
6,0 - 7,5

GH:
< 12

Ernährung:
Allesfresser, Lebendfutter bevorzugt

Der Zwergringelhechtling ist seit Jahrzehnten ein fester Bestandteil der Aquaristik. Bereits vor der Einführung des Begriffs Nano-Aquarium wurde er paarweise oder als Trio in Aquarien ab 12 l Inhalt im Daueransatz gezüchtet, wobei die Einrichtung hier allerdings mehr auf Funktionalität denn auf Schönheit ausgerichtet war.

Heute werden vielfach Nachzuchten gehandelt, die aus europäischen und asiatischen Züchtereien stammen, doch gelegentlich sieht man auch Importtiere gemeinsam mit Beifängen in den Aquarien schwimmen. Das sind dann meist afrikanische Zwergsalmler oder Leuchtaugenfische – eine ebenfalls ideale Ergänzung für ein Gemeinschaftsaquarium, das sich in Aquarien ab etwa 54 l Inhalt realisieren lässt.

Auch wenn das Pflanzensortiment durchaus afrikanische Arten wie den Schwarzfarn, *Bolbitis heudelottii,* und eine Reihe von *Anubias*-Arten oder Tigerlotus umfasst, kann man das Aquarium selbstverständlich genauso mit Arten aus anderen Erdteilen begrünen. Die oberflächenorientierten Hechtlinge fühlen sich besonders zwischen Schwimmpflanzen so richtig wohl. Dazu gehört eine Fütterung, die im Optimalfall Lebendfut-

Balzendes Männchen des Ringelhechtlings.

Foto: B. Kahl

ter wie kleine Schwarze Mückenlarven umfasst. Frostfutter passender Größe wird ebenfalls nicht verschmäht, Kunstfutter allerdings oft nur zögerlich genommen.

Im Artaquarium mit ausreichend Versteckplätzen (dicke Schwimmpflanzenpolster) kommt der Nachwuchs in geringem Umfang von alleine auf. Die Alttiere setzen dafür den Laich in Wurzelbärten und feinfiedrigen Pflanzen ab, alternativ können es auch schwimmende Wollmopps sein.

Lebensraum von *Pseudepiplatys annulatus* in Westafrika.

Normans Leuchtaugenfisch

Aplocheilichthys normani

Herkunft:
West- bis Zentralafrika

Größe:
3,5 - 4,0 cm

Aquarium:
40 l

Temperatur:
22 - 26 °C

pH:
6,2 - 7,4

GH:
< 20

Ernährung:
Allesfresser, bevorzugt Anflugnahrung

Männchen von Normans Leuchtaugenfisch.

Diese hübsche Art, die besonders durch das metallisch-blaue Auge der Männchen auffällt, gehört zu den sogenannten Leuchtaugenfischen. Dieser Verwandtschaftskreis umfasst einige weitere, teilweise sogar noch kleiner bleibende Spezies, die leider nicht handelsrelevant sind, weil sie entweder aus den afrikanischen Herkunftsländern nur sporadisch exportiert werden oder nur unter bestimmten Wasserwerten zu halten sind.

Die hier vorgestellte Art wird seit mehreren Jahren in Asien von professionellen Züchtereien vermehrt, daneben kommt es auch zu Importen, beispielsweise aus Guinea. Einen kleinen Trupp dieser Fische kann man bereits in ein Aquarium mit 60 cm Kantenlänge einsetzen, im paarweisen Zuchtansatz genügen sogar 12 l Inhalt. Allerdings bieten hier größere Aquarien mehr Gestaltungsmöglichkeiten und Variationen im Besatz.

Die Leuchtaugenfische leben eher in den mittleren bis oberen Wasserschichten. Eine Bepflanzung mit Schwimmpflanzen und feinfiedrigen Stängelpflanzen zum Hintergrund und den Seiten hin ist angebracht, denn sie bilden gleichzeitig ein Ablaichmedium für die Fische.

Über Generationen gezüchtete Stämme sind mittlerweile den meisten Wasserverhältnissen gut angepasst. Alle Leuchtaugenfische mögen regelmäßige Wasserwechsel. Auf belastetes Altwasser reagieren sie hingegen mit Unwohlsein. Die Ernährung sollte abwechslungsreich gestaltet werden. Auf die Oberfläche gestreutes Flocken- und Granulatfutter wird ebenso angenommen wie Frost- und Lebendfutter. Vorsicht bei Roten Mückenlarven. Sie stammen oft aus belasteten Gewässern und die Kühlkette war manchmal unterbrochen. Mit verdorbenen Larven haben die Fische so ihre Probleme im Verdauungstrakt.

Die Männchen besitzen gelbe ausgezogene Flossen.

Gemischter Bestand halbwüchsiger *Aplocheilichthys normani.*

Kap Lopez

Aphyosemion australe

Herkunft:
Westafrika, Kamerun bis Kongo

Größe:
6 cm

Aquarium:
20 l

Temperatur:
21 - 25 °C

pH:
6,0 - 7,8

GH:
5 - 12

Ernährung:
Lebend- und Frostfutter

Dieser Killifisch oder Eierlegende Zahnkarpfen steht stellvertretend für eine ganze Reihe klein bleibender, farblich äußerst attraktiver Arten der afrikanischen Gattung *Aphyosemion.* Bei uns ist sie unter dem Namen „Kap Lopez" verbreitet. Es handelt sich um einen der beliebtesten Killifische. Ursprünglich stammen alle im Handel vertretenen Tiere aus Gabun. Es gibt mehrere Standortvarianten. Außerdem kennen wir noch eine orangefarbene Zuchtform, den sogenannten „Gold-Kap Lopez".

Für die anpassungsfähigen Prachtkärpflinge spielen die Wasserwerte eine untergeordnete Rolle. Optimal ist weiches, schwach saueres Wasser mit einer Temperatur zwischen 23 und 25 °C. Dunkler Bodengrund und in einer Ecke etwas Fasertorf sowie eine dichte Bepflanzung des Aquariums sind sinnvoll. Mit einer Schwimmpflanzendecke lässt sich zu grelles Licht etwas dämpfen.

In einem entsprechend dimensionierten Aquarium ist eine Vergesellschaftung mit anderen, nicht zu kleinwüchsigen Arten durchaus möglich. Die Zucht als Paar oder Trio im Daueransatz kann bereits in Aquarien ab 12 l Inhalt erfolgen, die mit weichem sauerem Wasser und Fasertorf als Bodengrund oder mehreren Laichmopps ausgestattet werden.

Die Fische nehmen zwar nach kurzer Eingewöhnungszeit Ersatzfutter an, für die Zucht sollte jedoch zusätzlich auf Lebendfutter oder Frostfutter zurückgegriffen werden.

Die meisten Prachtkärpflinge erreichen unter normalen Umständen ein Alter von drei bis vier Jahren. Auch wenn man mit ihnen nicht züchten will, ist also lange Freude an ihnen garantiert.

oben:
Weibchen von *Aphyosemion australe* „Gold".

Mitte und unten:
Zwei Männchen der „goldenen" Farbvariante, die man so meist auch im Zoofachgeschäft findet.

Blaupunkt-Zwerg-prachtkärpfling

Aphyosemion (Diapteron) cyanostictum

Herkunft:
Gabun, Kongo: Ivindo-Becken

Größe:
3 cm

Aquarium:
20 l

Temperatur:
18 - 24 °C

pH:
6,0 - 7,8

GH:
< 12

Ernährung:
feines Lebendfutter, Frostfutter

Von den Arten seiner Untergattung hat *Diapteron cyanostictum* die weiteste Verbreitung, was sich auch in der Variabilität äußert. Wir kennen beispielsweise eine scharlachrote Form und eher dunklere rotbraune Stämme.

Obwohl diese Fische gemeinsam mit anderen Fischarten vorkommen können, sollte man sie wegen ihrer geringen Größe am besten im Artaquarium halten. Für etwa zehn Tiere reicht bereits ein Becken von 30 l Inhalt vollkommen aus, wenn es über ausreichend viele Versteckplätze verfügt. Diese schafft man mit Fasertorf, abgestorbenen Blättern, Moorkienholz oder Wollmopps. Da die Fische auch in freier Natur in stark abgeschatteten Bereichen leben, muss das Aquarium nur mäßig beleuchtet werden. Den Bodengrund wählen wir möglichst dunkel, wozu Fasertorf, Basaltsplitt oder Falllaub geeignet sind.

Die Art ist an keine festen Laichperioden gebunden. Täglich können aus dem beschriebenen Substrat Eier abgesammelt werden, die man dann auf tabakfeuchtem Torf für etwa drei Wochen aufbewahrt. Danach wird er mit weichem kühlem Wasser aufgegossen, worauf die Jungfische bereits nach wenigen Stunden schlüpfen. Bei ausreichenden Versteckmöglichkeiten kann man die Jungen auch im Becken aufkommen lassen. Die Elterntiere sollten allerdings umgesetzt werden, wenn die ersten Jungfische entdeckt werden.

Die Nachzucht frisst sofort frisch geschlüpfte *Artemia*-Nauplien. Als zusätzliche Nahrung kann später anderes Lebendfutter gereicht werden, wozu Hüpferlinge, gesiebte Wasserflöhe, Mückenlarven und Wurmfutter gehören.

Halbwüchsigen Männchen fehlt oft noch die Körperfarbe.

Hier ist ein fast scharlachrotes Männchen von *Aphyosemion (D.) cyanostictum* zu sehen.

Nahe verwandt und ähnlich zu pflegen ist *Aphyosemion (D.) fulgens*.

Orchideen-Prachtgrundkärpfling

Nothobranchius eggersi

Herkunft:
Ostafrika, Rufiji-Einzug

Größe:
4,5 cm

Aquarium:
54 l

Temperatur:
23 - 28 °C

pH:
6,8 - 8,0

GH:
6 - 18

Ernährung:
bevorzugt Lebendfutter, Frostfutter

Der Orchideen-Prachtgrundkärpfling steht stellvertretend für ungefähr zehn Prachtgrundkärpflingsarten, die im Zoofachhandel angeboten werden. In der Regel sind es deutsche Nachzuchten, die als durchaus robust gelten. Das soll aber nicht darüber hinweg täuschen, dass ihre maximale Lebensspanne nur bei rund einem Jahr liegt.

Als Lebensraum eignen sich für ein Männchen und mehrere Weibchen Aquarien ab 54 l Inhalt, für eine größere gemischte Gruppe benötigt man entsprechend geräumigere Behälter. Wer seine *Nothobranchius* lediglich halten will und auf Nachzucht keinen besonderen Wert legt, kann für das Aquarium einen Bodengrund aus dunklem Sand wählen, über dem die Farben der Fische richtig gut zur Geltung kommen. Dichte Rand- und Hintergrundbepflanzung eröffnet den Prachtgrundkärpflingen zahllose Versteck- und Rückzugsmöglichkeiten, eine oder zwei solitäre Wurzeln sorgen für eine optische Aufteilung des Beckens in verschiedene Bereiche.

Wenn kein Lebendfutter zur Verfügung steht, kann man auf Frostfutter zurückgreifen, das gierig aufgenommen wird. Alle *Nothobranchius* sind gute Fresser.

Zur Vergesellschaftung mit anderen Fischarten sind die Prachtgrundkärpflinge weniger gut geeignet. Das hat unterschiedliche Gründe, die hier nicht erörtert werden können. Wem ein Artenbecken genügt, dem seien die Tiere aber trotzdem empfohlen und auch die produktive Zucht ist zu bewerkstelligen. So kann man trotz der angesprochenen Kurzlebigkeit lange Freude an diesen Fischen erwarten.

Blaustreifenbachling

Rivulus xiphidius

Auch unter den süd- und mittelamerikanischen Bachlingen gibt es viele attraktive Arten, die sich in Kleinaquarien richtig wohl fühlen. Leider sind die meisten im Handel eher selten, was mit ihrer Lebensweise zu tun hat. So verlassen sie manchmal vorübergehend das Wasser, was bei nicht abgedeckten Aquarien ihren vorzeitigen Tod bedeutet.

Sollen mehrere Paare dieser Art zusammen in einem Aquarium gepflegt werden, müssen wir schon eine gewisse Mindestgröße bieten. Für drei bis fünf Paare zuzüglich einiger Kleinsalmler und eines Trupps Zwergpanzerwelse, die den Bodengrund sauber halten, darf das Becken schon mindestens 60 l Inhalt haben.

Für die Zucht im Daueransatz geht es eine Stufe kleiner. Ein Männchen und zwei bis drei Weibchen dieser drei bis vier Jahre alt werdenden Fische begnügen sich sogar mit einem hübsch eingerichteten Becken mit 20 l Inhalt.

Herkunft:
Südamerika, Ojapok-Einzug bis Amazonas-Delta

Größe:
3 cm

Aquarium:
20 l

Temperatur:
20 - 27 °C

pH:
6,0 - 7,5

GH:
< 12

Ernährung:
bevorzugt Lebendfutter, auch Frostfutter

Moskitobärbling

Boraras brigittae

Herkunft:
Südliches Borneo

Größe:
2,5 cm

Aquarium:
30 l

Temperatur:
24 - 28 l

pH:
6,0 - 7,4

GH:
< 10

Ernährung:
Allesfresser

Typisch für den Moskitobärbling: der irisierende Mittelstrich.

Der Moskitobärbling fällt im Sortiment des Zoofachhandels zwischen den ganzen anderen Fischen oft ebenso wenig auf wie seine Gattungsverwandten. Wer sich seiner annimmt, bekommt einen idealen Besatz für das Nano-Aquarium, der in der richtigen Umgebung auch farblich kräftig zulegt.

Wie der deutsche Name schon andeutet, bleibt die Art sehr klein. Eine kleine Gruppe von etwa 10 bis 15 Tieren lässt sich bereits in 30 Litern im Daueransatz halten. Ist das Aquarium größer, dann können zusätzlich weitere Kleinfische vergesellschaftet werden, was den *Boraras brigittae* etwas von ihrer manchmal zu beobachtenden Scheu nimmt.

Auch wem ein schönes Pflanzenaquarium wichtig ist, liegt bei den Zwergbärblingen richtig. Dicht gesetzte Stängelpflanzen bieten ihnen Deckung, Schwimmpflanzen sorgen für „Regenwaldbachstimmung". Weiches, leicht saueres Wasser ist ebenso von Vorteil wie etwas Falllaub oder ein Stück Schwarztorfsode im Aquarium. Für die Allesfresser gestaltet sich die Ernährung unkompliziert, solange das Futter maulgerecht bleibt. Wer kann, sollte auch einmal zu Salinenkrebs-Nauplien oder Hüpferlingen greifen. Es ist schon erstaunlich, wie erfolgreich die Fische ihre Nahrung erbeuten.

Zufallszuchten in geringem Umfang sind bisweilen schon im Artaquarium geglückt. Wenn man dann noch berücksichtigt, dass die Fische mehrere Jahre alt werden, darf man schon von einem idealen Aquariumfisch sprechen.

Während der Balz sind die Tiere besonders farbintensiv.

Gruppe geschlechtsreifer Moskitobärblinge.

Foto: B. Kahl

Zwergbärbling

Boraras maculatus

Herkunft:
Malaiische Halbinsel bis Sumatra

Größe:
2,5 cm

Aquarium:
30 l

Temperatur:
23 - 26 °C

pH:
5,0 - 7,0

GH:
< 12

Ernährung:
Allesfresser

Ein weiterer kleiner Vertreter der asiatischen Bärblinge ist der oftmals übersehene Zwergbärbling. Auch von ihm kann man eine kleine Gruppe bereits in einem 30-l-Aquarium im Daueransatz pflegen. Passen die Wasserwerte, verfügt das Becken über eine stellenweise dichte Bepflanzung, vorzugsweise mit Moospolstern, dann steht selbst gelegentlichem Nachwuchs nichts im Wege.

Ein Aquarium mit Zwergbärblingen muss nicht langweilig sein. Zur Algenbekämpfung und Resteverwertung lassen sich die teilweise bunt gefärbten Hörnchenschnecken der Gattung *Clithon* einsetzen. Einige Zwerggarnelen können den Lebensraum ebenfalls teilen. Wichtig ist es nur zu wissen, dass in einer solchen Gesellschaft der Nachwuchs fast immer ausbleibt. Dafür sorgen die stets hungrigen Alttiere wechselseitig.

Eine Gruppe von Zwergbärblingen bringt Leben in jedes Aquarium.

Fotos: B. Kahl

Vietnamesischer Kardinalfisch

Tanichthys micagemmae

Herkunft:
Asien, Vietnam

Größe:
2,8 cm

Aquarium:
30 l

Temperatur:
20 - 24 °C

pH:
6,4 - 7,8

GH:
< 20

Ernährung:
Allesfresser

Foto: B. Kahl

Männchen von *Tanichthys micagemmae* beim Imponieren.

Diese Art wird wie der größer werdende Kardinalfisch, *Tanichthys albonubes,* im Handel immer mehr verbreitet, angeboten. Es handelt sich um recht schwimmfreudige Tiere, die trotz ihrer geringen Größe schon ein Aquarium von rund 60 l Inhalt benötigen, um in einer Gruppe von rund 10 bis 15 Exemplaren gehalten zu werden.

Der Vietnamesische Kardinalfisch kommt aus gemäßigten Breiten und kann bei Raumtemperatur gehalten werden. Dauerhafte Temperaturen über 24 °C sollte man möglichst vermeiden. Dieser Temperaturbereich sollte auch bei der Auswahl der Pflanzen berücksichtigt werden.

Wenn es die Aquariumgröße erlaubt, kann man es auch mit einer gemeinsamen Haltung mit zum Beispiel Reisfischen, *Oryzias mekongensis* versuchen. Außerdem gibt es unter den Wirbellosen (Schnecken, Muscheln, Garnelen) zahlreiche infrage kommende Arten.

Smaragd-Zwergbärbling

Microdevario kubotai

Herkunft:
Thailand

Größe:
2,8 cm

Aquarium:
40 l

Temperatur:
23 - 26 °C

pH:
6,0 - 7,2

GH:
< 10

Ernährung:
Allesfresser

Die Smaragd-Zwergbärblinge sind recht transportempfindlich.

So schön grün-metallisch dieser kleine Bärbling auch schimmert, er gehört zu den etwas schwierigeren Zwergfischen. Dabei beziehe ich das nicht so sehr auf die Haltung, sondern vielmehr auf den Transport. *Microdevario kubotai* scheinen tatsächlich besonders stressempfindlich zu sein.

Ansonsten ist diese Art eine echte Augenweide. In einem nicht zu hell gehaltenen Pflanzenaquarium funkeln die Fische bei seitlich einfallendem Licht geradezu. Normalerweise macht ihnen selbst eine Haltung in mittelhartem Wasser bei einem pH-Wert um 7 nichts aus. Nur zur Zucht sollte das Wasser weicher und schwach sauer sein.

Gefüttert werden die Bärblinge mit dem üblichen Ersatzfutter. Auch gegen gelegentliche Gaben von Lebend- oder Frostfutter entsprechender Größe haben sie nichts einzuwenden.

Foto: B. Kahl

Axelrods Zwergbärbling

Sundadanio axelrodi

Die Heimat dieses metallisch schimmernden Zwergbärblings liegt in der indopazifischen Inselwelt. Wir kennen mittlerweile drei unterschiedliche Standortvarianten, deren Körperfarbe entweder blau, grün oder rot ist.

Wer diese ansprechenden Tiere halten möchte, sollte sich nicht scheuen, sein Ausgangswasser zu messen und auf die Bedürfnisse der Art einzustellen. Gefordert ist weiches und zumindest schwach saueres Aquariumwasser. Steht das nicht zur Verfügung, dann sind die Fische schnell sehr anfällig für eingeschleppte Krankheiten.

Eine Vergesellschaftung ist möglich, allerdings sind diese Zwergbärblinge gegenüber schwimmaktiven Fischen nicht besonders durchsetzungsfähig. Entweder man versucht es deshalb mit Fischen, die ein ähnliches Temperament besitzen, oder man nimmt gleich Zwerggarnelen.

Herkunft:
Borneo, Bangka, Sumatra

Größe:
2,6 cm

Aquarium:
30 l

Temperatur:
23 - 26 °C

pH:
6,0 - 7,5

GH:
< 10

Ernährung:
Allesfresser, bevorzugt feines Lebendfutter

Axelrods Zwergbärbling in der blauen Variante.

Espes Keilfleckbärbling

Trigonostigma espei

Foto: B. Kahl

Herkunft:
Thailand, Kambodscha

Größe:
3 cm

Aquarium:
60 l

Temperatur:
23 - 28 °C

pH:
6,0 - 7,5

GH:
< 12

Ernährung:
Allesfresser

Oft stehen die Keilfleckbärblinge beinahe bewegungslos im Becken.

Alle Keilfleckbärblinge werden mittlerweile in asiatischen oder europäischen Züchtereien vermehrt, was die Nachzuchten wesentlich unempfindlicher macht als Wildfänge aus teilweise saueren und sehr weichen Gewässern.

Espes Keilfleckbärbling ist ein sehr geselliger Fisch, von dem man deshalb gleich von Anfang an eine ganze Gruppe ins Aquarium setzen sollte. Es versteht sich von selbst, dass das Becken mindestens eine Kantenlänge von 60 cm haben sollte, um 10 bis 15 Tiere dieser Art dauerhaft aufnehmen zu können.

Dichter Bewuchs und Abschattungen durch Schwimmpflanzen sollten für das Keilfleckbärbling-Aquarium selbstverständlich sein. Die gierigen Allesfresser nehmen die Nahrung sogar von der Oberfläche auf, wenn für sie kein Feinddruck oder eine andere Bedrohung besteht.

Jae-Barbe

Barbus jae

Diese westafrikanische Zwergbarbe findet man meist in Fließgewässern des Regenwaldes. Die Biotope sind oft nicht ganz so warm, wie man wegen der äquatornahen Lage annehmen könnte. Manchmal haben wir nur Werte um 20 °C gemessen.

Zur Haltung der friedlichen aber vorwitzigen Fische darf das Aquarium schon 60 cm Kantenlänge besitzen. So lässt sich mittels der Einrichtung neben einer dichten Randbepflanzung auch genügend freier Schwimmraum verwirklichen. Die Vergesellschaftung mit oberflächenorientierten Fischen, beispielsweise Ringelhechtlingen, ist möglich. Das Wasser sollte weich und leicht sauer sein. Für eine prachtvolle Färbung bietet sich die Fütterung mit viel Lebendfutter an.

Die Zucht ist nicht ganz einfach und erfolgt am besten in einem separaten Zuchtbecken, das für ein Paar kaum 20 l Inhalt haben muss. Die wenigen Eier werden einzeln in feinfiedrigem Substrat abgegeben. Da die Art unproduktiv ist und noch dazu den eigenen Eiern nachstellt, müssen die Alttiere unbedingt direkt nach dem Ablaichen aus dem Aquarium entfernt werden. Wichtig ist im Zuchtbecken ein möglichst unbelastetes Wasser mit niedriger Keimdichte, ansonsten verkleben die unpaaren Flossen leicht irreparabel. Die Jungfische selbst werden nach dem Abbau des Dottersacks zunächst mit Feinstfutter ernährt.

Herkunft:
Kamerun bis Kongo

Größe:
3,8 cm

Aquarium:
30 l

Temperatur:
21 - 25 °C

pH:
5,5 - 7,8

GH:
< 10

Ernährung:
Allesfresser

Rotflossen-Reisfisch

Oryzias mekongensis

Herkunft:
Asien, Mekong-Becken

Größe:
3 cm

Aquarium:
30 l

Temperatur:
22 - 26 °C

pH:
6,5 - 7,8

GH:
4 - 20

Ernährung:
Allesfresser

Die Rotflossen-Reisfische aus dem Einzugsgebiet des Mekong gibt es anscheinend in leicht unterschiedlichen Standortvarianten. Da sie nicht den ausgedehnten Bewegungsdrang wie andere Arten der Gattung zeigen und auch von der Gesamtlänge her akzeptabel sind, lässt sich für etwa zehn Tiere bereits ein Aquarium mit 30 l Inhalt heimelig einrichten.

In größeren Aquarien bieten sich eventuell zusätzlich Fische zur Belebung der unteren Wasserschichten an. Die gegenüber äußeren Störungen relativ empfindlichen Reisfische beachten sie nicht weiter und sind auch untereinander weitgehend friedlich.

Wenn man die Fische im Daueransatz halten und vermehren möchte, sollte man das Wasser über einen Schwammfilter bewegen oder einige schwimmende Wollmopps ins Becken geben. Die befruchteten Eier werden gerne im Schaumstoff oder zwischen den Wollfäden abgesetzt. Man sollte sie absuchen und bei gleicher Temperatur in einer Schale mit Aquariumwasser aufbewahren. In der Regel schlüpfen die Jungen dann nach 12 Tagen. Zu Anfang besitzen sie unter Umständen noch einen Rest Dottersack, ist dieser Vorrat aufgebraucht, stellen sie aber sofort frisch geschlüpften *Artemia*-Nauplien nach. Die Versorgung mit Futter ist bei heranwachsenden Jungen und Erwachsenen unkompliziert. Selbst zerriebenes und auf die Wasseroberfläche gestreutes Flockenfutter wird von den Fischen willig aufgenommen.

Männchen von *Oryzias mekongensis.*

Weibchen vom Rotflossen-Reisfisch.

Im Vergleich: *Oryzias mekongensis* (Mitte) und *Oryzias latipes* (unten).

Scarlet-Blaubarsch

Dario dario

Herkunft:
Indien

Größe:
3,6 cm

Aquarium:
40 cm

Temperatur:
22 - 26 °C

pH:
6,8 - 7,8

GH:
4 - 25

Ernährung:
bevorzugt Lebendfutter, feines Frostfutter

Diese zunächst als *Badis* sp. „Scarlet" im Handel verbreitete Art gehört zu den Blaubarschen (Badidae). Sie stammt aus Fließgewässern in Westbengalen und hält sich dort bevorzugt zwischen der Unterwasservegetation auf.

Die nicht besonders schwimmfreudigen Fische sind selbst für kleine Aquarien, die mit empfindlichen Arten bepflanzt sind, ein geeigneter Besatz. Sie vergreifen sich weder an der Vegetation, noch wühlen sie das Substrat um. Zur Pflege genügen bereits Becken mit 60 cm Kantenlänge. Dort hinein setzt man eine Gruppe von sechs bis acht jungen Tieren, in der Hoffnung, dass man beide Geschlechter dabei hat. Der Besatz lässt sich durchaus noch um andere ruhige Fischen oder einige Zwerggarnelen ergänzen.

Wir müssen beachten, dass später die fortpflanzungswilligen Männchen vorübergehend revierbildend werden. Daher strukturiert man das Aquarium am besten schon vorher zusätzlich mit einigen Hölzern oder Steinen. Nach kurzer und heftiger Balz des Männchens werden die Laichkörner vom Weibchen an feinem pflanzlichen Substrat oder Torffasern abgesetzt. Eine direkte Brutpflege wird allerdings nicht betrieben.

Zwei halbwüchsige Scarlet-Blaubarsche.

Foto: B. Kahl

Hübsch gestreiftes Männchen von *Dario dario.*

Dieses Männchen steht kurz vor der Geschlechtsreife.

Ungefähr eine Woche nach dem Schlupf haben sich die Larven zu schwimmfähigen Fischen umgewandelt. Sie benötigen zunächst sehr feine Nahrung. Während die sonstigen Wasserwerte zu vernachlässigen sind, scheinen Temperaturen über 24 °C einen höheren Anteil an männlichen Nachkommen zu fördern.

Die Art bevorzugt in jeder Altersstufe Lebendfutter. Bei gemeinsamer Haltung mit aktiven Schwimmern und guten Fressern kann sie schnell zu kurz kommen.

Indischer Zwergkugelfisch

Carinotetraodon travancoricus

Herkunft:
Indien

Größe:
3,5 cm

Aquarium:
54 l

Temperatur:
22 - 28 °C

pH:
7,2 - 8,3

GH:
8 - 25

Ernährung:
Allesfresser, kleine Schnecken

Unter den im Süßwasser lebenden Kugelfischen ist diese Art der bisher kleinste Vertreter überhaupt. Sie stammt aus Indien und scheint in ihr genehmen Biotopen oft in riesigen Mengen vorzukommen. Wegen der niedrigen Importpreise haben wir in den Händleraquarien meist Wildfänge vor uns.

Die Erbsenkugelfische, so ein anderer Trivialname für die manchmal grünlich wirkenden Tiere, kommen bereits im Aquarium um 60 cm Kantenlänge gut zurecht. Das darf mit vielen Verstecken aus Holz, Steinen usw. und einer dichten Bepflanzung eingerichtet sein.

Trotz ihrer kleinwüchsigen Erscheinung sollte man den Durchsetzungswillen dieser Fische nicht unterschätzen. Während andere Fische meist nicht einmal angeschaut werden, sind sie untereinander manchmal sehr rabiat. Daher dürfen auf keinen Fall Ausweichmöglichkeiten fehlen.

Die Indischen Zwergkugelfische nehmen zwar alle Sorten von Frostfutter an, ein absoluter Leckerbissen sind für sie aber junge Posthorn- und Blasenschnecken. Beim Knacken der Gehäuse werden auch die sonst stetig wachsenden Zähne abgenutzt.

Erbsenkugelfische wurden bereits mehrfach im Aquarium nachgezogen. Abgelaicht wird in Pflanzenpolstern, die frei schwimmenden Jungtiere lassen sich später mit *Artemia*-Nauplien aufziehen. Im Gegensatz zu ihren Verwandten aus brackigen Küstengewässern, mögen diese Zwergfische eher ein weiches und zumindest leicht saueres Milieu.

Die kleinen Kugelfische sind echte Bewegungskünstler.

Fotos: B. Kahl

Gepunktetes Blauauge

Pseudomugil gertrudae

Herkunft:
nördl. Australien, Neuguinea

Größe:
4 cm

Aquarium:
54 l

Temperatur:
24 - 30 °C

pH:
6,0 - 7,6

GH:
5 - 18

Ernährung:
Allesfresser

Mittlerweile häufiger im Fachhandel erhältlich als deutsche oder indonesische Nachzucht ist das Gepunktete Blauauge. Als besondere Schönheiten gelten dabei gelbflossige Exemplare einer anscheinend natürlichen Standortvariante.

Die meisten Blauaugen sind sehr agile Fische, da macht auch diese Art keine Ausnahme. Das Aquarium sollte deshalb am besten eher lang gestreckt sein und über viel freien Schwimmraum verfügen. Für die Dauerhaltung stellen 60 cm Kantenlänge deswegen fast schon die untere Grenze dar.

Während man um das Messen und Einstellen der Wasserwerte meist herum kommt, ist ein häufigerer Wasserwechsel eher Pflicht. Er unterstützt die Filtertätigkeit und hilft nachhaltig Wasserbelastungen und Keimdruck zu verringern. Gerade gegenüber Verunreinigungen sind *Pseudomugil gertrudae* nämlich relativ empfindlich.

Geschlechtsreife Männchen der Gepunkteten Blauaugen treiben die Weibchen oft lang andauernd. Nach Möglichkeit sollte man daher eher mehr Weibchen als Männchen halten. Gelaicht wird nahe der Wasseroberfläche in/an schwimmenden Wollmopps. Die Laichkörner kleben fest an den Wollfäden und lassen sich so bis zum Schlupf in einer Schale mit Aquariumwasser aufbewahren. Der am Anfang knapp unter der Oberfläche schwimmende Nachwuchs wird zunächst getrennt von den Eltern aufgezogen. Bei entsprechendem Nahrungsangebot ist das Wachstum gleichmäßig. Die Tiere können im Aquarium älter als drei Jahre werden.

Foto: B. Kahl

Auch diese Art ist am besten in einer Gruppe zu halten.

Imponierendes Männchen von *Pseudomugil gertrudae*.

Knurrender Zwerggurami

Trichopsis pumila

Herkunft:
Thailand bis Indonesien

Größe:
4,5 cm

Aquarium:
40 l

Temperatur:
24 - 28 °C

pH:
6,0 - 7,6

GH:
5 - 20

Ernährung:
Allesfresser

Knurrende Zwergguramis gehören zu den Labyrinthfischen, die es etwas wärmer mögen. Man kann sie in einem bepflanzten Aquarium gemeinsam mit anderen ruhigen Arten halten. In nicht zu hellen Aquarien, mit leicht sauerem Wasser, wird ihre Farbenpracht besonders intensiv.

Interessant ist die Fortpflanzung: Das Männchen baut unter großen Blättern oder in einer offenen Höhle ein Schaumnest, unter dem auch abgelaicht wird. In der Obhut des Vaters schlüpfen nach 36 Stunden die Larven. Sobald er frei schwimmt, nimmt der winzige Nachwuchs Infusorien als Anfangsnahrung.

Labyrinthfische müssen atmosphärische Luft aufnehmen können. In Aquariummodellen mit auf der Wasseroberfläche aufliegenden Deckscheiben sind sie fehl am Platze. Der deutsche Name dieser Art leitet sich von der Fähigkeit der Fische ab, gut hörbare knurrende Geräusche erzeugen zu können.

Fotos: B. Kahl

Foto: B. Kahl

Goldringelgrundel

Brachygobius doriae

Brachygobius doriae und einige weitere Arten der Gattung kommen sowohl in Süßwasser als auch im Brackwasser vor. Häufig sind es sehr ruhige Fische, die gegenüber Arten des freien Wassers fast gleichgültig bleiben und sich nur innerartlich für einander interessieren. Das macht sie gesellschaftsfähig, besonders für Arten, die ebenfalls mit hartem oder leicht brackigem Wasser keine Probleme haben.

Der Bodengrund für ein Grundelbecken darf ruhig grobsandig bis kiesig sein. Auch aus zusätzlich ins Aquarium gegebenem Bruchstein lässt sich mancher Unterschlupf gestalten. Das hilft, die Aggressionen der Männchen untereinander etwas zu vermindern, denn wenn jedes sein Revier besitzt, gibt es weniger Streitigkeiten.

Die bodenorientierten Fische sind sehr gute Futterverwerter. Ist die Nahrung ausreichend und kräftig, dann bilden die Weibchen schon bald einen deutlich sichtbaren Laichansatz aus. Die Zucht sollte aber in jedem Fall in einem Artaquarium erfolgen. Dazu wird auch die Temperatur etwas angehoben und dem Wasser etwa ein gestrichener Teelöffel Kochsalz je 10 l zugesetzt.

Bevorzugt wird das Gelege, das aus bis zu 200 Eiern bestehen kann, an einer schlecht einsehbaren Stelle abgesetzt. Für den Nachwuchs verantwortlich ist lediglich das Männchen, das auch Artgenossen aus dem Umfeld zu vertreiben sucht.

Herkunft:
Indonesien, Malaysia, Brunei, Singapur

Größe:
3,5 cm

Aquarium:
40 l

Temperatur:
22 - 29 °C

pH:
7,0 - 8,4

GH:
9 - 20

Ernährung:
Allesfresser, Lebendfutter bevorzugt

Die Goldringelgrundel ist je nach Herkunft sehr variabel.

Komplettaquarien in der Praxis

Foto: Hagen

Spätestens seit 2010 haben sich die meisten Hersteller der Nano-Aquaristik angenommen und wetteifern mit unterschiedlichen Produkten um die Gunst der Käufer. Sieht man sich international um, wird die Palette der gebräuchlichen Behältnisse mit abnehmender Literzahl sogar noch umfangreicher. Wer kennt nicht die Abbildungen von Glasvasen oder -würfeln von weniger als einem Liter Inhalt, in denen eine kleine Schwimmpflanze oder ein Stängel Wasserpest die Einrichtung bildet und ein einsamer Zwergfisch dem Betrachter entgegen blickt. Zum Glück ist dies für Deutschland ein absolutes „No go", einem echten Tierfreund sträuben sich dabei fast schon die Nackenhaare, selbst wenn es als Scherz gemeint ist.

Der Handel macht es dem angehenden Nano-Aquarianer beim Kauf recht einfach. Vielfach sind sogenannte Komplettsets im Angebot, die alles Wichtige an Technik beinhalten, und das zum günstigeren Preis als beim Einzelkauf. Manchmal lohnt es sich allerdings doch, früher oder später die eine oder andere Änderung vorzunehmen. Je nach Bedürfnis der Beckeninsassen und der Bepflanzung kann dies Art und Leistung der Filterung, die Beleuchtung und die Heizung betreffen.

Ein Hinweis auch im Hinblick auf den zukünftigen Fischbesatz: Einige

Arten sind mehr oder minder elegante Springer, die beim plötzlichen Einschalten der Beleuchtung, bei vermeintlicher Gefahr oder einfach vom Naturell her (zum Beispiel Prachtkärpflinge und Bachlinge) das nasse Element verlassen. Wo dann die dicht schließende Abdeckung fehlt, sind Verluste absehbar.

Gerade um die verkaufsstärksten Modelle der Nano-Aquarien hat sich ein wahrer Hype entwickelt, was die Einrichtungsmöglichkeiten anbetrifft. In Hochglanzbroschüren, Fachbeiträgen, auf Messen und bei einschlägigen Wettbewerben kann man sich reichlich Anregungen holen, wie das eigene Aquarium einmal aussehen könnte. Selbst die CO_2-Anlage im Miniformat zur Unterstützung des Pflanzenwuchses wird von der Industrie angeboten. Uns geht es hier aber mehr um die Fische, weshalb der Hinweis auf passende, ventilatorbetriebene Kühleinheiten zumindest für diejenigen wichtiger ist, die eine Dachwohnung besitzen. Im Hochsommer entscheiden nämlich unter Umständen wenige Grad Celsius über Wohl und Wehe, und ein Ventilator, der nach dem Verdunstungsprinzip um 3 bis 5 °C kühlt, kann für manche Arten durchaus lebensrettend sein.

Handelsübliche Komplettaquarien beinhalten die gesamte nötige Technik.

Natürliche Biotope als Vorbilder

Auf zahlreichen Reisen in Tropen und Subtropen habe ich mich in den letzten 25 Jahren primär für Fischzwerge interessiert. Wenn man sich die Zeit nimmt und nicht nur Wasserproben bestimmt, sondern die Tiere auch in ihren Biotopen beobachtet, kann man manchmal später einige natürliche Bedingungen sinnvoll auf die Aquariumhaltung übertragen.

Westafrika

Da gibt es zum Beispiel in Gabun (Westafrika) den Verwandtschaftskreis um *Aphyosemion herzogi,*

kleine Prachtkärpflinge von weniger als 5 cm Länge, die oft die Oberläufe ihrer Lebensgewässer bewohnen. Häufig haben wir sie genau dort gefunden, wo der zukünftige Waldbach erstmals aus dem Boden tritt. Der Wasserstand dieses häufig von Sumpfpflanzen bewachsenen und mit Falllaub durchsetzten Quellbereichs beträgt oftmals nur wenige Zentimeter, und außer den Killifischen hält sich hier keine weitere Fischart auf, denn die Fortbewegung ist eher auf das plötzliche Schießen von Deckung zu Deckung beschränkt. Wo der Wasserstand dann höher ist, tritt gleich massiv Konkurrenz auf, seien es Arten aus der weiteren Verwandtschaft *(Aphyosemion-cameronense-*Komplex), schwimmfreudigere Barben und Salmler oder Jungtiere von räuberischen Welsen, die sich hier zunächst ihre Nahrung suchen, ehe sie sich mit fortschreitendem Wachstum bachabwärts orientieren.

Wenn man ein Pärchen des *Aphyosemion-herzogi*-Komplexes in ein

Auch mit Wurzelstücken lassen sich natürliche Biotope nachstellen.

60-cm-Aquarium mit den üblichen Standardmaßen, einer normalen Einrichtung und Beleuchtung setzt, sieht man die Tiere vielleicht ab und an im freien Wasser stehen, aber die Vermehrung bleibt selbst bei idealen Wasserverhältnissen und guter Fütterung weitgehend aus, weil ihnen diese Lebensumstände nicht besonders zusagen. Ist dann doch einmal ein Jungfisch da, wird er im freien Wasser als Beute angesehen.

Ganz anders im idealen Aquarium für diese Fische: Bei dem kann man ruhig auf die Höhe zugunsten der Fläche verzichten. Das bedeutet im Klartext, dass selbst in einem Aquarium von 40 x 30 x 10 cm, das nur 7 cm hoch mit Wasser befüllt ist, neben den Elterntieren Junge aufkommen, wenn man eine Einrichtung aus Fasertorf und Wollmopps wählt, die dann überwiegend sehr dicht ist und bis zur Wasseroberfläche reicht. Sicher nicht optisch die schönste Lösung, aber sehr effektiv, wenn es um die Erhaltungszucht einer als schwierig geltenden Art geht.

Aphyosemion herzogi ist ein Fisch des Flachwassers.

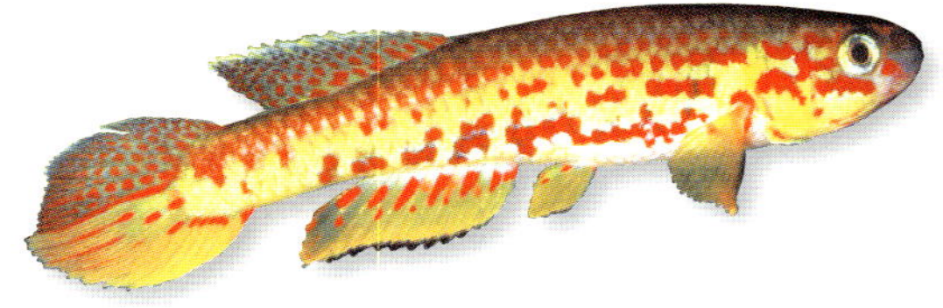

Nordamerika

In den Gewässern des Südostens der USA stoßen wir auf unseren Exkursionen immer wieder auch auf weite verkrautete, sonnenbeschienene Bereiche des Flachwassers. Hier, wo größere Lauerräuber weit weniger häufig sind und schlecht auf Sicht jagen können, trifft man an manchen Standorten gleich auf mehrere Zwergfischarten, die sich diesen Lebensraum mit dem Nachwuchs vieler anderer Fische teilen. So kommen beispielsweise im Einzugsbereich der Okefenokee-Sümpfe in Georgia der Zwergkärpfling, *Heterandria formosa,* der Wichtelkärpfling, *Leptolucania ommata,* und der Zwergsonnenbarsch, *Elassoma okefenokee,* gemeinsam vor. An anderen Stellen im benachbarten Florida wird der Okefenokee-Zwergsonnenbarsch durch den Zwergschwarzbarsch, *Elassoma evergladei,* ersetzt und es kommt noch ein weiterer kleiner Killifisch hinzu, nämlich *Lucania goodei.*

Wer sich mit Fischen aus dieser Klimaregion beschäftigen möchte, der kann in einem 54-l-Aquarium durchaus auch eine gemeinsame Haltung von Zwergkärpfling und Zwergschwarzbarsch angehen. Man bepflanzt besonders Hintergrund und Seitenbereiche mit Arten aus den gemäßigten Breiten, etwa Hornkraut,

In diesen minimalen Restwasserpfützen in Gabun lebte *Aphyosemion herzogi.*

Myriophyllum und Wasserpest, und bringt zur weiteren Dekoration einige nicht zu klobig wirkende Totholzstücke und etwas Falllaub ein. Vom Mittelgrund aus sollte nach vorne hin auf jeden Fall auch ausreichend Freiraum vorhanden sein, damit sich die Fische insgesamt gut beobachten lassen.

Auch hier bedeutet die Vergesellschaftung mehrerer Arten leider den weitgehenden Verzicht auf Nachwuchs, denn während sich die Alttiere nicht weiter behelligen, haben die Jungen da wenig Chancen. Mehr gefährdet ist auf jeden Fall der Schwarzbarschnachwuchs, weswegen man die zuchtfähigen Fische hin und wieder artweise separieren sollte. So lässt sich – Interesse vorausgesetzt – das gesamte Verhaltensspektrum dieser kleinen schwimmenden Juwelen beobachten und der eigene Stamm über Jahre nicht nur erhalten, sondern auch an andere interessierte Aquarianer weiter verteilen.

Hin und wieder gibt es in Gemeinschaftsaquarien Nahrungskonkurrenz. Wenn man sie wiederholt beobachtet, sollte man das Futter gleichzeitig an mehreren Stellen anbieten. Dann haben selbst die durchsetzungsschwächeren Arten ausreichend Gelegenheit, ihren Anteil vom Kuchen abzubekommen.

Südamerika

In Fließgewässern mit wenig Versteckmöglichkeiten haben es Kleinfische oft sehr schwer, ihren Fressfeinden zu entgehen. Mancherorts bilden sie deshalb artübergreifende Verbände, die in Ufernähe oder zwischen der spärlich vorhandenen Vegetation umher schwimmen. In der Menge der Tiere ist es für einen Räuber schwer, sich auf ein Beutetier zu konzentrieren. So kommt es, dass sein blitzschneller Vorstoß häufig ins Leere geht, weil die Beutefische ihn rechtzeitig erkannt und einen Richtungswechsel unternommen haben.

Ein schönes Beispiel dafür habe ich im brasilianischen Bundesstaat Amapa an der Terra typica des von mir entdeckten *Hyphessobrycon amapaensis* beobachten können. Hier schwammen in einem Überschwemmungsbereich, der mit grasartigen Pflanzen lose durchsetzt war, gleich mehrere ähnlich große Salmlerarten vor uns davon. Dazu gehörten neben dem Amapa-Glühlichtsalmler auch noch *Hyphessobrycon takasei,* der Kaffeebohnensalmler, und eine dritte, noch unbestimmte *Hyphessobrycon*-Art. Die Salmler müssen sich im Lebensraum gegenüber größe-

links: Sumpfwaldbereich im Südosten der Vereinigten Staaten von Amerika.

Gerade in wärmeren Überschwemmungsbereichen Südamerikas findet man viele Kleinfische.

Überschwemmungslandschaft in Venezuela. Hier leben Zwergbuntbarsche, Killifische und verschiedene Kleinsalmler.

ren Buntbarschen durchsetzen. Raubsalmler der Gattungen *Hoplias* und *Acestrorhynchus* gehören ebenfalls zu den Fressfeinden.

Wer ein Pflanzenaquarium von 60 cm Kantenlänge eingerichtet hat, der kann durchaus zwei, eventuell sogar drei kleinbleibende *Hyphessobrycon*-Arten miteinander vergesellschaften, wobei die Gesamtzahl maximal 20 Tiere umfassen sollte. Für die Futterreste wären dann eher Schnecken zuständig, da für einen zusätzlichen Trupp kleiner Panzerwelse dann das Aquarium langsam doch schon zu eng wird.

Größere Fischgesellschaften lassen sich wesentlich besser in Aquarien ab 80 cm Kantenlänge realisieren. Da klappt auch die langfristige Pflege.

Asien

Auf einer Chinareise habe ich 2009 auch eine ländliche Region besucht, in der sich Fische als Kulturfolger in den Bewässerungsgräben der Reis-

felder aufhielten. Die Gewässer waren schwach strömend und eigentlich überall mehr oder weniger verkrautet. Hier zogen Reisfische ihre Bahnen, und zwar *Oryzias sinensis*. Sie leben oberflächenorientiert und warten auf Anflugnahrung. Mit im Biotop kommen zwei klein bleibende Grundelarten und zumindest eine Bitterlingsart vor. Lebende Muscheln im weichen Bodensubstrat lassen darauf schließen, dass das Wasser noch nicht übermäßig belastet ist.

Der Bodengrund ist im Reisfischaquarium von untergeordneter Bedeutung. Hier kommt es darauf an, dass den Fischen möglichst viel Schwimmraum zur Verfügung steht. Praktischerweise sollte das Becken keine Würfelform haben, sondern eher lang gestreckt sein. Auch hier bepflanzt man eher den Hintergrund und setzt auch Pflanzen entlang der Seitenscheiben. Der Filterrücklauf sollte so angebracht werden, dass an der Wasseroberfläche

Zwei Ausschnitte aus Aquarien, in denen den Fischen eine möglichst dichte Vegetation geboten wird.

Es ist nicht zwingend notwendig, dass man asiatischen Fischen Pflanzen aus ihrem Lebensraum bietet.

entlang der Längsseiten eine leichte Strömung entsteht.

Reisfische sind allgemein relativ robust. Sie in einem 60-cm-Aquarium zu vergesellschaften, dürfte daher kein Problem sein. Auch wenn sie sich ohne Feinddruck im gesamten Aquarium bewegen, ist ihre Lebensweise doch stark zum Wasserspiegel hin ausgerichtet. Daher kann als zweite Art ein Bewohner der unteren Beckenregionen hinzu genommen werden. Bei der Artauswahl in diesem Buch würde ich zum Beispiel mehrere *Dario dario* mit ihrem ruhigen Temperament empfehlen.

Gewässer in Asien; in den ruhigen Bereichen leben auch Reisfische.

Zusammenfassung

Aquaristik kann auch mit einem kleinen Aquarium betrieben werden. Wichtig ist es dann, solche Arten zu pflegen, die sich darin wohl fühlen. Wer sich vor der Anschaffung mit den Bedürfnissen der Fische befasst, wird hinterher vor weniger Problemen stehen. Konzentrieren Sie sich auf solche Arten, die ohne große Panscherei mit Ihrem Leitungswasser zurecht kommen, dann kann der später nötige Wasserwechsel einfach und ohne spezielle Vorkehrungen durchgeführt werden. Häufige Wasserwechsel werden Ihnen die Fische danken.

Bitte kein buntes Allerlei im Aquarium. Bei den Friedfischen machen sich ein oder zwei kleine Gruppen besser als jeweils „ein Pärchen". Erst bei freier Wahl des Partners und in der Gruppe zeigen viele Arten ihr komplettes Verhaltensrepertoire.

Einer der häufigsten Fehler ist die Gabe von zuviel Futter, das dann im Aquarium verdirbt und die Wasserwerte in Bereiche verändern kann, die unseren Fischen schaden.

Scheuen Sie sich nicht, zusätzlich weiterführende Literatur zu lesen. Die hier aufgeführten Arten sind nur ein kleiner Teil dessen, was Fachhandel und Interessengemeinschaften bereit halten. Sehen Sie das Büchlein als Einstieg. Die ganze Welt der Aquaristik, und damit ein faszinierendes Hobby, liegt vor Ihnen. Sie müssen nur noch zugreifen.